独ソ戦車戦シリーズ
18

労農赤軍の多砲塔戦車

T-35、SMK、T-100

著者
マクシム・コロミーエツ
Максим КОЛОМИЕЦ

翻訳
小松徳仁
Norihito KOMATSU

大日本絵画
dainipponkaiga

目次　оглавление

- 2　目次、原書スタッフ
- 3　第1章
  開発の歴史
  ИСТОРИЯ СОЗДАНИЯ
- 16　第2章
  量産化
  СЕРИЙНОЕ ПРОИЗВОДСТВО
- 44　第3章
  戦車の構造
  УСТРОЙСТВО ТАНКА
- 60　第4章
  T-35戦車の配備と戦闘運用
  СЛУЖБА И БОЕВОЕ ПРИМЕНЕНИЕ
- 110　第5章
  SMK戦車とT-100戦車
  ТАНКИ СМК И Т-100
- 134　参考文献
  ЛИТЕРАТУРА И ИСТОЧНИКИ
- 135　ソ連軍多砲塔重戦車の性能諸元
  ТАКТИКА-ТЕХНИЧЕСКИЕ ХАРАКТЕРИСТИКИ СОВЕТСКИХ ТЯЖЕЛЫХ МНОГОБАШЕННЫХ ТАНКОВ

原書スタッフ

発行所／有限会社ストラテーギヤKM
　　住所：ロシア連邦　125015　モスクワ市　ノヴォドミートロフスカヤ通り5A　16階　1601号室
　　電話：7-495-787-3610　E-mail：magazine@front.ru　Webサイト：www.front2000.ru

著者／マクシム・コロミーエツ
企画部長／ニーナ・ソボリコーヴァ
美術編集／エフゲーニー・リトヴィーノフ
校正／ライサ・コロミーエツ

■原則として著者注は（　）、訳注は〔　〕に記す。
■人名、地名などは著者テキストと引用テキストで異同がある。
■原書発行後の研究に基づき、大幅に加筆訂正し、一部資料も差し替えている。

第1章
開発の歴史
ИСТОРИЯ СОЗДАНИЯ

本書は、既刊の『労農赤軍の多砲塔戦車 T-28、T-29』の続編であり（「独ソ戦車戦」シリーズでは未刊行）、T-35、SMK、T-100といった重戦車をテーマにしている。これまでとは違って、本書ではT-35をベースにして開発されたSU-14自走砲には触れておらず、戦車だけを取り上げている。それによって、写真とイラストの量を増やすことができた。

本書執筆に当たりご協力を賜ったソ連邦英雄のM・アシク氏、そしてM・バリャチンスキー氏、M・スヴィーリン氏、フィンランドの研究者E・ムーイック氏に感謝の意を表したい。

本書の内容についてお気づきの点やご提案、補足の情報をいただければ幸甚である。

1：ボリシェヴィク工場ガレージ内でテストを控えたT-35-1戦車。1932年7月15日。（ストラテーギヤKM所蔵：以下、ASKM）

ソ連で重戦車の開発作業が始まったのは1930年12月、労農赤軍自動車化機械化局（UMM）が火砲小銃機銃総合設計事務所との間に、T-30と名付けられた突破重戦車の設計に関する契約が結ばれたときである。これは重量50トン、兵装は76mm砲２門と５挺の機銃とする車両として構想された。しかし、当時のソ連には戦車製造の経験が浅く、しっかりした戦闘車両を設計することができなかった。1932年の初め、略式設計図と木製の模型が出来上がっただけで、T-30に関するすべての作業は中止された。

合同国家政治保安部経済局自動車戦車ディーゼル課（ATDO EKU OGPU）、すなわち逮捕、投獄された設計技師たちが勤務していた囚人設計事務所における、1930年〜1931年にかけて進められた重量75トンの突破戦車を設計開発する試みも失敗に終わった。T-30と同じく、設計案に多くの欠陥が見つかり、このような車両を製造することが無理であったからだ。

しかし、外国のスペシャリストたちの"手が加わって"、ようやく事が動き出した。1930年の３月にドイツからエトヴァルト・グロ

2：テスト中のT-35-1戦車。1932年８月。サスペンションシールドの構造がよくわかる。（ASKM）

3：T-35-1戦車の父親、TG戦車。この写真の車両には37mm砲と機関銃がない。撮影は1940年、モスクワのスターリン記念機械化自動車化軍事アカデミーのガレージで行なわれた。（ASKM）

ーテ（Edward Grote）をトップとするエンジニアグループがソ連に到着した。このグループには労農赤軍の武装として将来性ある戦車のモデルを開発することが任された。ドイツ人エンジニアたちの仕事の監督は、合同国家政治保安部経済局技術課が担当することになった。技術課長のウユク同志は1930年4月にE・グローテに対して、重量18～20トン、走行速度時速35～40km、装甲厚20mmの戦車の設計という課題を出した。その兵装は口径76mmと37mmの砲2門と機銃5挺を搭載することが条件とされたが、他のパラメータ（火器の配置と取り付け、弾薬、航続距離など）は設計者たちの裁量にゆだねられた。レニングラード市（現在のサンクトペテルブルク市）のボリシェヴィク工場で試作車両を設計、製造するため、AVO-5設計事務所が設立された。そのスタッフにはドイツ人エンジニアたちの他に、バルイコフやヴォロビヨフなどのソ連の若手エンジニアたちも加えられたが、後に彼らがソ連の装甲兵器の有名な開発者へと育っていくことになるのだった。

TG（グローテ戦車）とコードが付けられた新型戦車の製造は極秘裏に進められていった。この作業の進捗は革命軍事評議会とソ連政府の直接監督下にあった。1930年11月17日～18日にK・E・ヴォロシーロフ革命軍事評議会議長は自らボリシェヴィク工場を訪れ、I・スターリンにこう報告している——、「今日現在の戦車は85％の仕上がりである。後はエンジン系統とギアボックス、その他一

4、5：テストが始まる直前のT-35-1戦車。1932年8月。操縦手ハッチと同軸機銃手ハッチの折りたたみ式の蓋と履帯トラックシューの形状、排気消音装置の固定部分がはっきり見える。(ASKM)

連の追加装置の仕上げが残っている。試作車は特別の作業場で製造されており、そこで今日現在130名の労働者と技工たちが作業に従事している。目下、戦車の製造はE・グローテ自身が重病のために遅れているが、わがエンジニアたちは12月の15日〜20日には試作車両が出来上がると予測している」。だが、その後数ヶ月経っても戦車は仕上がらなかった。その最大の原因は、E・グローテ自ら設計した戦車用空冷式エンジンの信頼性が低かったからだ。そのため1931年の4月に、第一段階の一連のテストを実施すべく、TG戦車に一時的にM-6航空エンジンを搭載することになった。これによって戦車内のいくつかの装置を作り換える必要も生じた。M-6の寸法がグローテのエンジンより若干大きいことが分かったからだ。そして7月の初めになってようやく、戦車はテストを受ける態勢が整った。

TG戦車は、当時のソ連や他国の戦車とは外観だけでなく、製造技術、そして車両各部のレイアウトも異なっていた。何よりもまず、

この戦車が完全溶接の車体を持っていたことが、まったく画期的なことであった。火器は三段に配置され、最上段の回転砲塔にはシャーチェントフが設計した対空射撃可能な37mm砲が搭載された。下段の不動戦闘塔にはグローテとシャーチェントフが共同設計した76mm戦車砲と、球形マウントを持つマクシム機銃3挺が配置された（最初の設計案では戦闘塔は全周回転するはずであったが、後にこの案は取り下げられた）。

車体の側面には2挺のDT機銃が取り付けられたが、射界は制限されていた（サイドシールドに設けられた楕円形の銃眼から射撃するようになっていた）。

TG戦車の走行装置は片側側面に5個の大型転輪と4個の中型支持転輪、2個の小型支持転輪からなる。螺旋スプリングの独立式転輪サスペンションとエラスティック製の半空気式タイヤの組合せにより、この戦車の走り具合はきわめてソフトだった。型で打ち出された部品からなるオリジナル設計の履帯は破断耐性が高かった。し

5

6

6：T-35-1戦車が高さ1mの垂直壁を乗り越えている。1932年8月。(ASKM)

かも、履帯切断の際の戦車の緊急停止用のブレーキがすべての転輪に装備されていたことは面白い。

　車体後部にはM-6航空エンジンがオープンな状態で取り付けられていた（これは後にE・グローテの戦車エンジンに換装し、装甲エンジンカバーで覆うことになっていた）。そのすぐ傍には六段ギアチェンジボックスが配置されていた。戦車の操縦は自動制御装置を使って行なわれ、しかも特別な逆転機構があったおかげでTG戦車は前進と後進を同じスピードで行なうこともできたのだ。
　5名からなる乗員は、小砲塔に装備された視察孔とストロボスコープを使って戦場を視察することができた。

　戦車のテストは1931年6月27日に始まり、インターバルを挟みながら10月1日まで続けられた。これらのテストで達成された最高速度は時速34kmで、踏破性も機動性も悪くはなかった。TG戦車のトランスミッションの働きは良好で、空圧式のギアは車両の操縦を非常に軽快にした。
　だがそれと同時に、戦闘室の狭さ、トランスミッションの各部位・

各装置へのアクセスの不便さ、地面への履帯の噛み具合が不十分なこと等々、設計の改善を要するポイントも多かった。

　1931年10月4日付のソ連政府の指令により、グローテ戦車の入念な研究のための特別委員会が設けられた。この戦車を検分し、グローテの報告を聴いた委員会は、「現状のTG戦車は純粋な実験タイプの戦車であり、実践的な関心のあるすべてのメカニズムの作動性が検証されねばならない、と判断した」。150万ルーブルという非常な高価さのゆえに、指摘された欠点をすべて解消したとしてもTG戦車は量産化の決定が下りなかった（因みに、BT-2快速戦車は6万ルーブルで済んだ）。これ以降、グローテと他のドイツ人エンジニアたちからの協力は断り、彼らはドイツに帰国した。AVO-5設計事務所は再編され、そのスタッフにはM・P・ジーゲリ、B・A・アンドルィヘーヴィチ、A・B・ガッケリ、Ya・V・オブホフ等々の設計技師たちが加わった。そして新しい設計事務所はグローテの代理を務めていた、若くてエネルギッシュなエンジニア、N・V・バルイコフが率いることになった。

　新しい設計事務所は労農赤軍自動車化機械化局（UMM RKKA）から、「1932年8月1日までにTG戦車タイプの新型35トン戦車の開発、製造」という課題を受け取った。この車両にはT-35のコードが付けられた。1932年2月28日、労農赤軍自動車化機械化局のG・G・ボーキス次長はM・N・トゥハチェフスキー陸海軍人民委員代理兼兵器局長に対して、「T-35（旧TG戦車）に関する作業は突撃的テンポで進んでおり、作業完了時期の遅延は想定外」と報告していた。T-35の設計に当たってはTG戦車に関する1年半もの作業経験が勘案され、さらにカザン市近郊の試験場で実施されたドイツ戦車グローストラクターのテスト結果と在英装甲兵器調達委員会が作成した資料も考慮された。

　T-35-1と名付けられた最初のプロトタイプの組み立ては1932年の8月20日に完了し、9月1日にはボーキス次長をはじめとする労農赤軍自動車化機械化局の視察団に披露された。この車両は彼らに強烈な印象を与えた。T-35の外観は、1929年に製造された英国ヴィッカーズ社の試作五砲塔戦車インディペンデントA.I.E.Iに似ていた（ただし、前述の1930年にイギリスにいた装甲兵器調達委員会がインディペンデント戦車に関心を寄せていたようなことを示す公文書を筆者はまだ探し出すことができないので、T-35が独自に開発され、イギリスの設計の影響を受けたものではないことも否定できない）。

　T-35-1の主砲塔には、当時開発されたばかりの威力強化型の

7：1933年5月1日、赤の広場のメーデーパレードに参加したT-35-1戦車。(ロシア中央軍事博物館所蔵：以下、CMAF)

8：1933年11月7日、モスクワの革命記念日パレードに参加、T-35-1戦車(右)とT-35-2戦車(左)　(G.ペトロフ氏のコレクションから)

T-35-1戦車／縮尺1:35

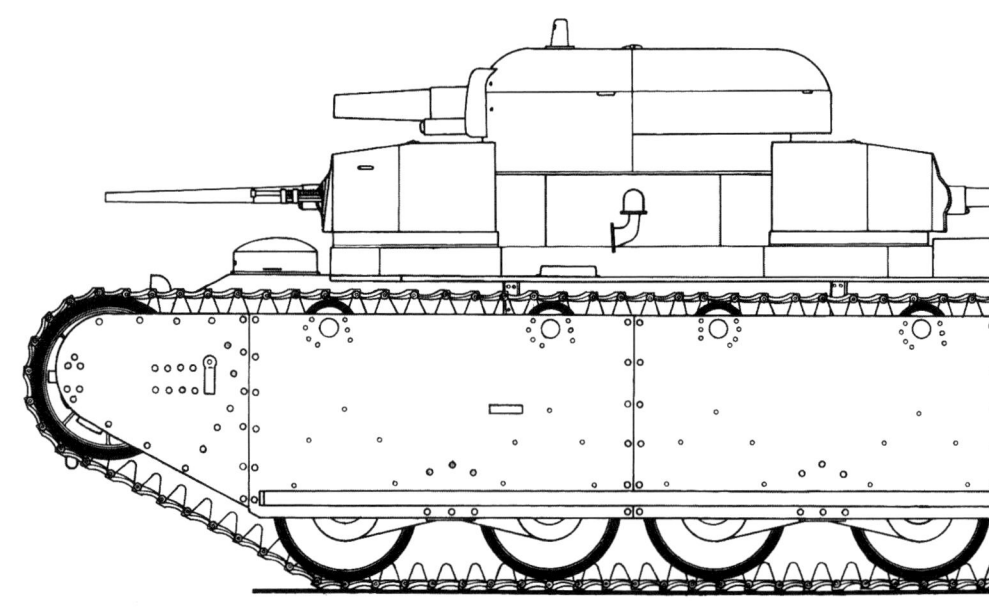

T-35-1戦車／縮尺1:35

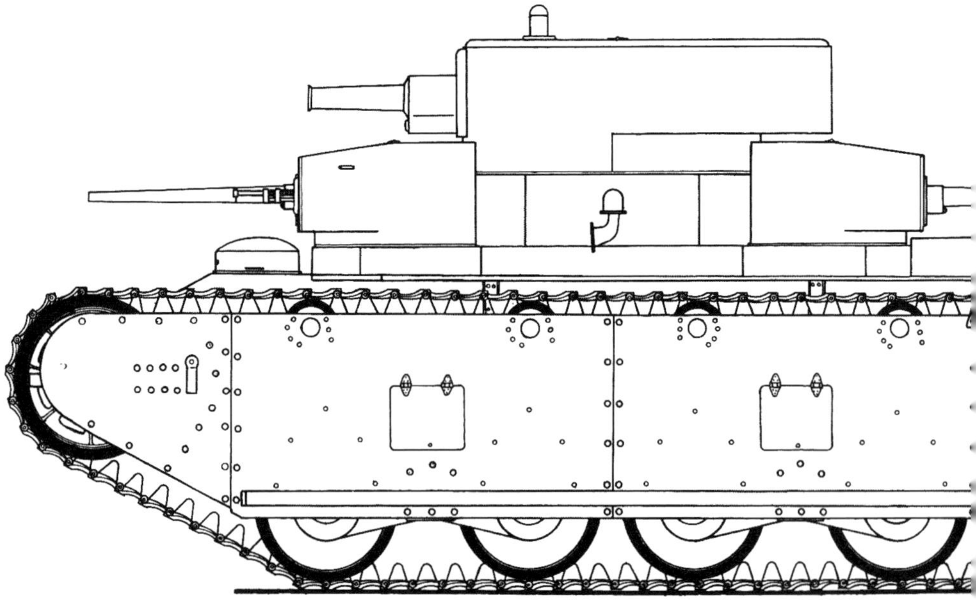

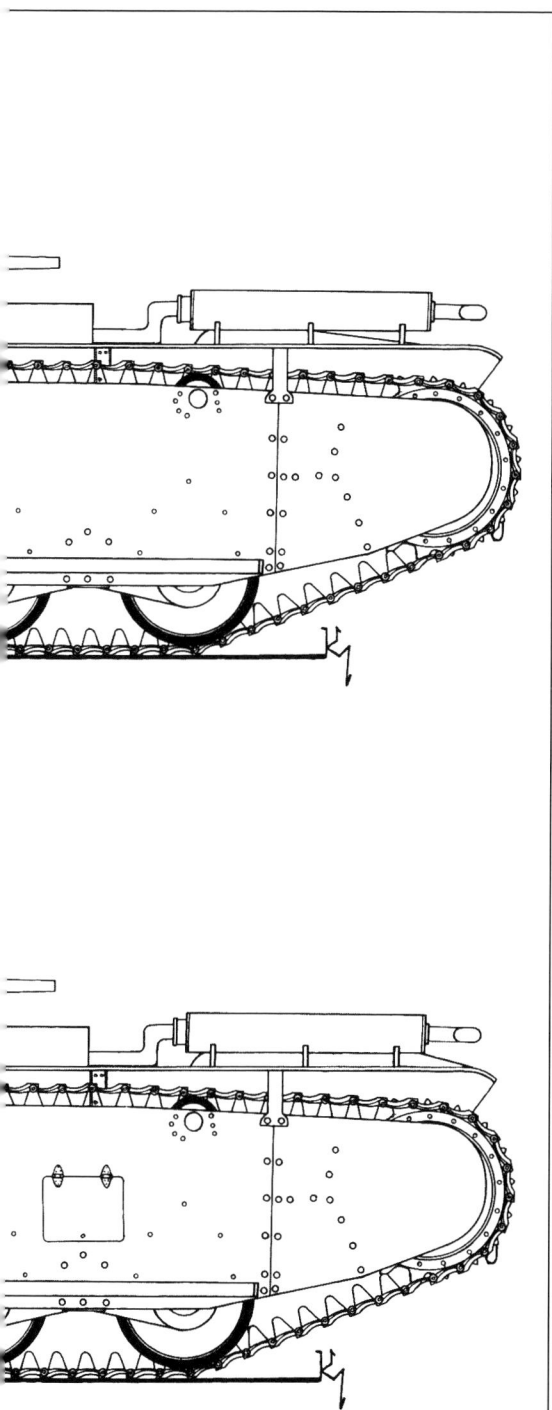

76mm戦車砲PS-3が1門と球形マウント付きDT機銃1挺が搭載された。いずれも同じ構造の4基の小砲塔には2門の37mm砲PS-2と2挺のDT機銃がそれぞれ対角線上に配置されている。さらにもう1挺のDT機銃が車体正面装甲板に装備されていた。

車両各側面の走行装置は、6個の中径転輪が2個ずつ1組のサスペンションにまとめられ、誘導輪、駆動輪各1個から構成されていた。転輪サスペンションは、ドイツのクルップ社製グローストラクター戦車のサスペンションに倣って設計された。ただし、ソ連の設計者たちはサスペンションの作動システムを大きく向上させていた点を指摘しておきたい。

T-35-1のエンジン、トランスミッション系統はTG戦車の経験を活かして作られ、M-6エンジンとメインクラッチ、6本のやま歯を持つヘリングボーン歯車のギアボックス、サイドクラッチで構成されていた。これらの制御システムは空圧式であったため、重量38トンの車両の操縦はきわめて軽快であった。しかし、1932年秋に行なわれたテストでは、この戦車の動力系統に一連の欠陥が判明したのも確かである。それに加え、量産という面では、トランスミッションと空圧式制御の構造があまりにも複雑で高コストであることも判明した。そのためT-35-1に関する作業は中止され、1932年の末には試作車が、指揮官養成用のレニングラード機甲指揮官能力向上研修所（LBTKUKS）に譲渡された。

明くる1933年の2月、ボリシェヴィキ工場の戦車製造部門が独立してK・E・ヴォロシーロフ記念第174工場が誕生した。この新工場でN・V・バルイコフの設計事務所は試作設計車両製作課（OKMO）に改編され、T-35-1の欠点を踏まえた第二の試作車T-35-2の開発に従事することとなっ

9：ボリシェヴィク工場敷地内のT-35-1戦車。1932年、レニングラード〔現在のサンクトペテルブルク〕。(ASKM)

10：1933年5月1日、レニングラードのウリーツキー広場〔現在のサンクトペテルブルク市宮殿広場〕でのメーデーパレードにおけるT-35-2戦車。側面のサスペンションシールドのハッチがはっきり見える。(ASKM)

た。

　Ｉ・Ｖ・スターリンの指示により、T-35とT-28の主砲塔の統一化が図られた。T-35-2にはまた、M-17という新しいエンジンや別種のトランスミッションとギアボックスが搭載された。T-35-2はその他の点ではT-35-1と実質的に異なりはしなかったが、サイドシールドは構造が変更されていた。T-35-2の組立作業は1933年の４月に完了し、５月１日にはレニングラード市のウリーツキー広場（現在のサンクトペテルブルク市宮殿広場）でのメーデー祝賀パレードに参加した。他方のT-35-1はこの同じ日、モスクワ市の赤の広場の敷石で火花を散らしていた。

　試作設計車両製作課ではT-35-2の組立作業と並行して、量産型のT-35A戦車の図面も作られていた。しかもT-35-2は、「トランスミッションの部分が量産型と同じの過渡的な」車両としか見なされていなかった。
　ソ連政府の指令にしたがい、1933年の５月にT-35戦車の生産はコミンテルン記念ハリコフ機関車製造工場（KhPZ）に移された。1933年６月の初頭、まだテストを経ていないT-35-2と、T-35A戦車に関するすべての作業資料が、ハリコフの工場に大至急送り出された。

11：1933年11月７日、モスクワの革命記念パレードに参加したT-35-2戦車。操縦手と機銃手のハッチの蓋が開いており、車体左側面にはズックが畳んで取り付けられている（CMAF）

11

第2章
量産化
СЕРИЙНОЕ ПРОИЗВОДСТВО

12

T-35Aの設計は、T-35-1とT-35-2の二つのプロトタイプともかなり異なるものとなった。走行装置がサスペンション一つ分長くなり、機銃塔も新構造となり、中砲塔はより大型化して45mm砲を搭載し、車体の形状も変更されるなどしていた。つまり、これは実質的に新しい戦車であり、そのことが生産面で一連の困難を引き起こすことにもなった。

T-35の生産にはイジョーラ工場（装甲車体担当）、クラースヌイ・オクチャーブリ工場（ギアボックス担当）、ルイビンスク工場（エンジン担当）を含むいくつかの工場が動員された。計画ではこれらの下請け工場はすでに1933年の6月には、各々の製品をハリコフ機関車工場へ出荷し始めなければならなかったのだが、実際に出荷にこぎつけたのは8月になってのことだった。T-35戦車の製造はユニット単位で進められ、9個の製造部門が編成され、各々が戦車

12：1934年5月1日、メーデーのパレードでモスクワの赤の広場を走るT-35A戦車。（ロシア国立映画写真資料館所蔵：以下、RGAKFD）

13：ハリコフ市内のパレードでT-27豆戦車に囲まれて走る、最初の量産タイプのT-35A戦車。1933年11月1日。76mm砲はまだ防楯がなく、仮装着された状態だ。（S.ロマーチン氏のコレクションより）

14：モスクワ市赤の広場のワシーリー・ブラジェンヌイ聖堂から撮影されたこの写真では、主砲塔天蓋のメインハッチと車体に斜めに取り付けられた排気消音装置がみえる。これらは1937年までに生産されたT-35Aに特徴的なディテールだ。（RGAKFD）

13

14

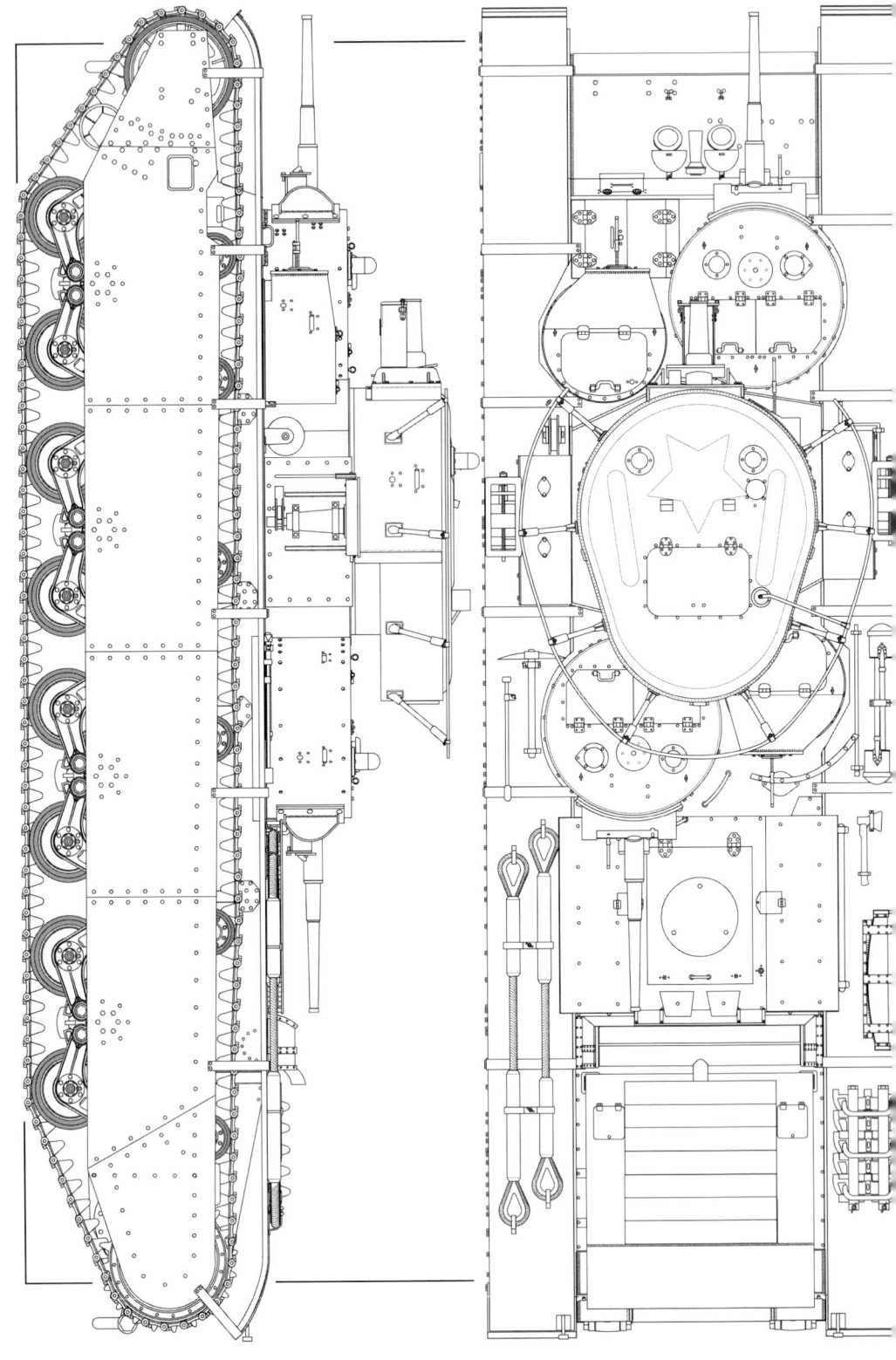

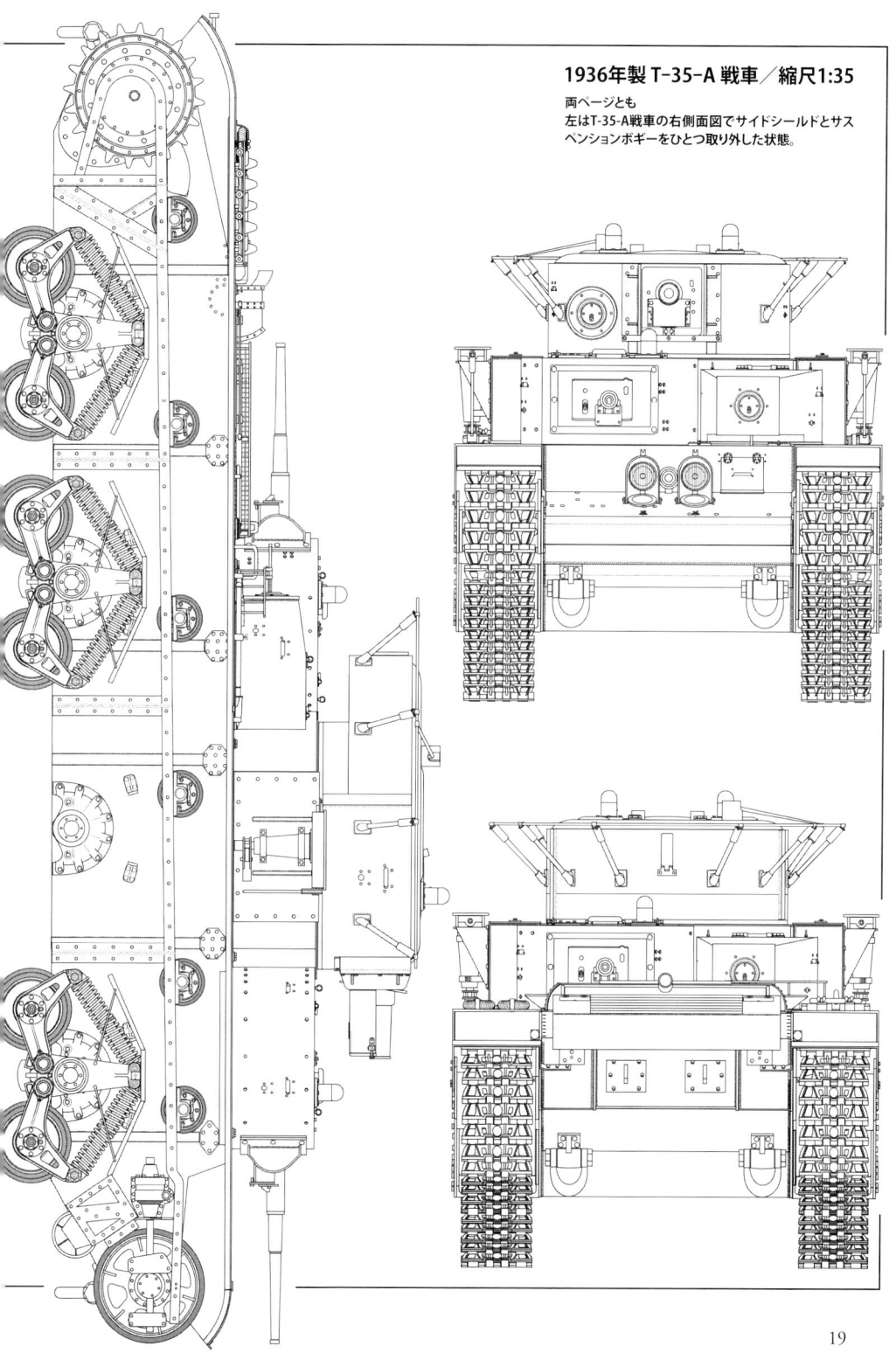

1936年製 T-35-A 戦車／縮尺1:35

両ページとも
左はT-35-A戦車の右側面図でサイドシールドとサスペンションボギーをひとつ取り外した状態。

の1つのユニットまたは装置の製造に携わるやり方だった。最終的な組立作業は専用の組立台を使って行われた。その組立台で最初の戦車の組立作業が始まったのは1933年10月18日で、11月1日には終了した。そしてこの最初の量産型T-35は事前の試運転を経て、11月7日にはT-27豆戦車に囲まれながら、ハリコフ市（当時はウクライナの首都）で革命記念パレードに参加した。因みにこの同じ日、プロトタイプのT-35-1とT-35-2はともにモスクワ市内のパレードでお披露目されている。

　1933年10月25日付のソ連政府の指令にしたがい、ハリコフ機関車工場は1934年1月1日までにT-35A戦車5両とT-35B（M-34エンジン搭載型）1両を製造しなければならなかった。しかし、指定された日に完成していたのはたったの1両で、別の3両は走行はできたものの火器も車内装置もまだ取り付けられていなかった。T-35Bについては発案から1年半も経っていたにもかかわらず、製造自体が行なわれなかった。

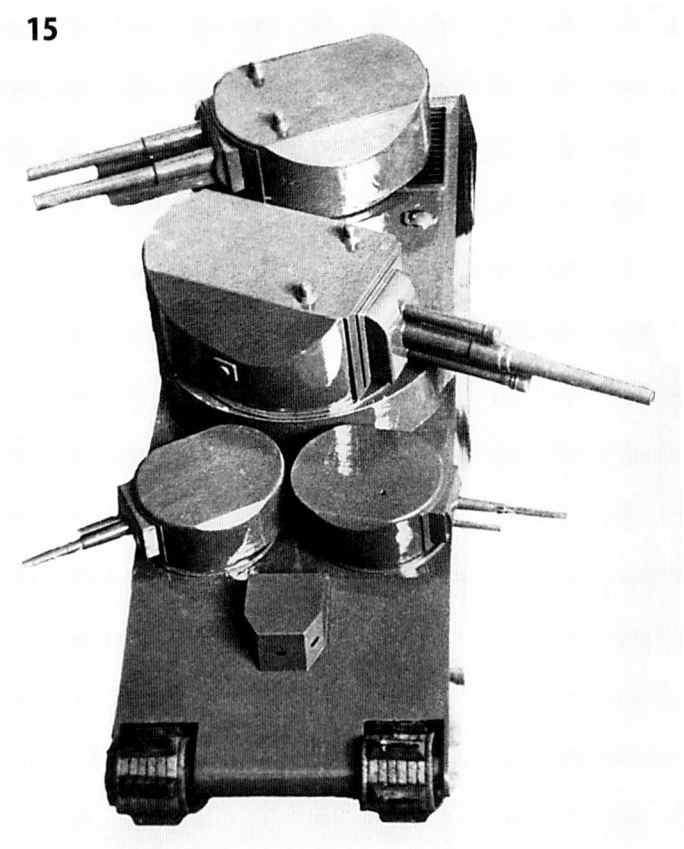

15：T-39戦車の実物の10分の1サイズの木製模型。これは、45mm砲2門、107mm砲2門、152mm砲1門を搭載するバージョンNo.7。

T-35戦車が量産体制に移行すると同時に、戦車の改良も検討され始めた。1933年8月13日にソ連政府が承認した新しい戦車兵器体系によると、「T-35は専門性を持つ、より強力な戦車でもって交替されねばならない」とされた。しかもこの指令は同時に、五カ年計画の期間に新しい重戦車の設計が最終的に決定されない場合は、T-35を五カ年計画の中で生産していく、ともしていた。

　この指令が発表される前、スペツマシュトレスト試作工場（元のK・E・ヴォロシーロフ記念工場試作設計車両製作課のこと）は、1933年の5月〜6月に新型重戦車T-39の6種類のヴァリエーションを開発していた。それらをベースにして、重量85〜90トン、45mm砲、76mm砲、107mm砲で武装し、装甲厚50〜90mmの装甲を持つ戦車の建造が考えられていたのである。

　1933年6月10日に開かれた労農赤軍自動車化機械化局科学技術委員会の特別会議ではこれらのヴァリエーションとともに、重量100トンのTG-6戦車（グローテのソ連滞在中に開発）の設計とイタリアのアンサルド社製の70トン戦車も検討の俎上に載せられた。その結果、N・V・バルイコフとS・A・ギンズブルクをトップとする試作工場の設計事務所はT-39戦車の7番目と8番目のヴァリエーションを開発し、それらは8月7日の会議で検討されることになった。前者は重量90トン、装甲厚は50〜75mm、107mm砲と45mm砲各2門、さらに機銃5挺を有する戦車であった。後者は兵装のみ異なり、152mm砲1門、45mm砲3門、機銃4挺が搭載されていた。両方とも良い設計であると認められ、実寸の1/10サイズの木製模型を作ることが決まった。模型の写真と図面の下書きが陸海軍人民委員のK・E・ヴォロシーロフ宛てに送られ、そのヴォロシーロフはこの件でソ連国防委員会の議長を務めていたV・M・

16：152mm砲1門と45mm砲3門を搭載するT-39戦車のバージョンNo.8の木製模型。（ASKM）

モロトフに次のように報告している——「ご報告する大戦車の特に良くできたヴァリエーションを国防委員会において検討し、私見では十分強力で戦闘任務の大半を遂行しうるT-35特務戦車の代わりとして、このような戦闘車両がそもそも我々に必要かどうか、最終的なご決定を下されたい。T-39の試作車の製造には約300万ルーブルと1年以上の時間が必要とされる」。ヴォロシーロフの論拠は説得力があり、1934年の初めに国防委員会は、T-39に関する作業は中止し、T-35の生産は継続する、との決定を下した。因みに、T-35戦車1両は国庫にとって52万5千ルーブルの負担であったが、これだけの資金で軽戦車のBT-5を9両生産することができた。

　ハリコフ機関車工場は1934年度に10両のT-35Aを出荷する計画であった。ただし、この戦車の複雑さを考えた労農赤軍自動車化機械化局はハリコフ機関車工場との間で、これら10両を最初の試作ロットとして契約した。工場は生産に慣れていくうちに、戦車の設計改善と生産の効率化のために、自らのイニシアチブで一連の改良を施していった。しかしそれにもかかわらず、T-35の生産を確立するには大変な困難を伴った。例えば、ハットフィールド鋼で鋳造されたトラックシュー（履板）は非常に頻繁に壊れた。それまでソ連のどの工場もこの種の鉄鋼を大量に生産したことがなく、ハリコフ機関車工場がその最初であった。そのほか、M-17エンジンが過

17、18：ハリコフ機関車工場敷地内の1936年製T-35A戦車。アンテナにはすでに8本の支柱があるが、排気消音装置は車体に斜めに取り付けられている。写真18では、履帯カバーの端に発煙装置の導管が見える。（ASKM）

熱するという問題点をどうしても解決することができず、ギアボックスの本体の強度も十分ではなかった。

しかし技術的問題のほかに、別の種類の困難もあった。労農赤軍自動車化機械化局科学技術部のスヴィリードフ第二課長は1934年4月にハリコフを訪れ、次の報告をした──「ハリコフ機関車工場の工場長、ボンダレンコ同志はT-35に関わる工場労働者たちをフルに活用しないばかりか、あらゆる機会をとらえてこの車両への信用を失墜させている。ハリコフ機関車工場では誰も真剣にこの戦車に取り組もうとしていない。唯一の例外は、優れた戦闘車両を生産すべく実際に行動している設計事務所だけである」。

だが、技能労働者たちの粛正も、T-35戦車の早急な生産体制確立には寄与しなかった。例えば、1934年の3月にはハリコフ機関車工場に次のような指示が届いた──「設計上の計算データの入念なチェックを指示する。とりわけギアボックスは、現在逮捕されているアンドルィヘーヴィチ設計士が設計に参加しているため、特に注意せよ」。

欠陥を完全に取り除いた最初のT-35戦車は1934年8月20日までに出荷することが予定されていたが、この納期を工場は守ることができなかった。この件に関して労農赤軍自動車化機械化局のI・A・ハレプスキー局長はハリコフ機関車工場のI・ボンダレンコ工場長に書簡を送った──、「もはや話は、1両の車両のことだけではない。貴殿と小官には重大な課題があるのだ。すなわち、11月7日のパレードに6両以上の車両を提供し、しかもそれらは軍の使用に十分たえるべく仕上がっていなければならない。今や何の釈明もありえない。貴殿と小官には本件について党員としての責任がある。目下

19：1935年5月1日のメーデーパレードで赤の広場の広場を走るT-35A戦車。(ASKM)

20：1937年5月1日　赤の広場のメーデーパレードに参加したT-35砲塔の鋳物ナキ　(ASKM)

21：1941年5月1日のメーデーのパレードで赤の広場を走る。1937年〜1938年に製造されたT-35戦車。写真に見えるこれら2両の戦車には夜間砲撃用の照明装置が取り付けられている。(ASKM)

22：1937年5月1日のメーデーのパレードで、赤の広場を走るT-35戦車。写真りは車長警 (ASKM)

この任務の遂行にきわめてしっかりと取り組まねばならない……」。そして実際に「しっかりと取り組まれた」。11月7日の革命記念パレードにおいて新品のT-35戦車6両がモスクワの赤の広場を走り、1934年の末には残る4両も赤軍に納入された。

　1935年にハリコフ機関車工場は、T-35の主に動力系統を対象とした改良作業を重ねていった。エンジン冷却システムを改善し、ある1両には試験的にBD-1ディーゼルエンジンが搭載された。この車両はテスト段階においてかなり良好なパフォーマンスを示し、ハリコフ機関車工場の設計事務所はT-28とT-35用に800馬力ディーゼルエンジンの開発を手がけた。しかしながら、翌年に完成したそのエンジンは、まともな実用レベルには仕上がらなかった。

　それよりも、T-35戦車の戦闘性能を落とす最大の欠陥と思われるのは、戦闘時の戦車指揮の複雑さであろう。二段階に配置された5基の砲塔からの射撃を、1人の車長が管理するのは実質的に不可能だった。車長は視界が不十分なために戦場全体を把握することもできず、それゆえ各砲塔の長が自ら目標を見つけ、破壊するというやり方を余儀なくされる。この欠陥を解消するために、かなり興味深い実験が試みられた。

　1935年の秋に労農赤軍の砲兵総局（GAU）は機甲局（ABTU：自動車化機械化局の後身）の発注に基づいて、海軍で採用されている砲塔の中央一元照準システムをT-35戦車に取り入れることに着手した。戦車用砲撃制御装置（TPUAO）が開発され、革命前に購入されていた9フート海洋測距儀と組み合わせてT-35に取り付けられた。それにあたり、主砲塔には車長視察塔と測距儀用装甲カバーが新たに付加された。

　この車両のテストには1936年の1年間が費やされた。その結果、射撃制御はやり易くなったものの、TPUAOの操作には専門訓練を受けた乗員1名が必要となり、さらに装置の信頼性も向上の余地が残されていた。それに加え、巨大で不便な測距儀は車両外観のイメージを大きく損なうことにもなった。おそらくこれらの点が、T-35用中央一元照準システムに関する作業の中止につながったようである。しかし1938年にはこのアイデアが一時的に再浮上したが、却ってこのアイデアが最終的に葬られる結果となった。1938年に作成された報告書にはこう結論づけられていた――「T-35戦車の改造は無駄だと思われる。理由は、戦車の数が少ないこと、また装置自体が高価でありながらも、現代の機動戦の環境における戦闘上の価値が疑問視されることからだ」。

　1936年を迎えるまでに、各部隊からはT-35戦車の個々の装置の

23：1936年11月7日の革命記念パレードで赤の広場への入場を控えたT-35戦車。アンテナが6本の支柱で固定され、履帯の形状がはっきり見える。砲塔には白色の実線と黄色の破線からなる戦術識別章が塗装されている。（CMAF）

不具合を訴える苦情が数多く届いていた。これらの欠陥を解消するため、ある量産型車両（製造番号0183-5）に広範なテストが実施された。ハリコフの近郊で1936年4月25日、「各種条件下における戦車の戦闘性能並びに技術性能」を検証せよ、との労農赤軍機甲局からの指示に基づいてこれらのテストが始まり、1937年8月1日まで続けられた。この間に一度大きな休止期間があった（1937年1月12日〜7月2日）。というのも、1月12日に戦車がドネツ河を渡河する際に氷結した河岸に上がることができず、河の中で擱座してしまったからだ。トラクターと特殊機器を使ってこの重戦車を引き上げることができたのは1月29日、そして戦車が工場に到着できたのはようやく2月21日になってのことだった。ここで同車の全機構を組み立て直し、一部はテスト結果に基づいて設計し直した改良型のものに取り換えられた。このT-35戦車は合計2,000kmを走破し、そのうち1,650kmは無舗装の田舎道と不整地であった。その間3基のエンジンが取り換えられたが、最初のエンジンは46時間しか保たなかった。

T-35戦車のテストの結果、エンジン冷却システム、メインクラッチとサイドクラッチ、ギアボックスの作動性に問題があり、そのほかにも欠陥があることが判明した。そこでハリコフ機関車工場では1936年から1937年にかけてT-35の設計に一連の変更を加えることにした。ギアボックスとサイドクラッチ、オイルタンク、電気機器が改良され、車内浸水を防ぐ車体専用パッキンが新たに設計、製作された。このほかに、車体尾部に斜めに配置され、装甲板で周囲を囲われていた排気消音装置を車体内部に移し、車外に出ているのは装甲カバーで防護された排気管のみとなった。

これらの改良のおかげで1937年製の車両は個々の装置はもちろんのこと、戦車全体の作動信頼性が大幅に向上した。例えば、改良型のT-35戦車がオーバーホールまでに走破できる距離が2,000kmに延びたが、従来型の車両では1,500kmにも及ばなかった。これらの改良はしかし、マリウーポリ鉄鋼工場が厚さ20mmではなく23mmの規格外の装甲板を納入したことも相俟って（圧延工程の規定違反が原因）、車両の重量が52トンにまで増えることにつながった。

他方で、T-35の装甲があまりにも脆弱で、日々高まっていく突破重戦車に対する要求に応えられなくなってきていることも明白となった。そのため、1937年7月25日付のソ連政府の決定により、ハリコフ機関車工場に車体と砲塔の装甲を増強したT-35戦車の設計が任されることになった。1937年10月7日、I・ボンダレンコは労農赤軍機甲局長にこう報告している――「当該戦車に関する性能

24：写真22と同じく1937年5月1日のメーデーパレードで赤の広場を走るT-35戦車。この写真では76㎜砲と45㎜砲に装着された夜間砲撃用照明装置もよく見える。（ASKM）

要求は受領しておらず、設計案の作成は次の厚さの均質装甲の使用に基づいて進んでいる：正面装甲板…75mm、車体前方の上部並びに下部傾斜装甲板…30mm、側面…30mm、六角形板（砲塔基部：著者注）…30mm、車底並びに天蓋…15～20mm、サイドシールド…15mm、砲塔側面…30mm」。これと同時にハリコフ機関車工場は、円錐形砲塔を搭載するT-35も設計する課題を受領した。しかし作業は遅々として進まなかった。それでなくとも人材不足だった工場の設計事務所は、技師や設計士を中心とした粛正により、ひどく弱体化していたからだ。1938年3月27日に開催されたソ連人民委員会議国防委員会戦車部会では次の事実が確認された——「T-35（円錐形砲塔型）の設計に工場が着手したのはかなり遅れてから、ようやく2月も末になってのことであった。NKOP（軍事産

26：1940年5月1日、赤の広場へ走るこのT-35戦車改良型は変形サイドシールドを装着している。そのシールドにはサスペンションにアクセスするハッチがきれいに見える。（RGAKFD）

業人民委員部：著者注）からの課題を受け取ったのが1937年の9月末だったにもかかわらずだ。工場は1937年11月に機甲局から側面は30mmから40〜45mmへ、砲塔は30mmから40〜55mmへ、車両重量は55トンから60トンへとの、装甲厚増強の技術条件も受領した。これがさらなる作業遅滞につながった。

政府の指示では今年中に円錐形砲塔型のT-35を量産化させることが求められているが、機甲局との1938年度契約は政府の指示とは異なり、円筒形砲塔型の戦車に関するものだ」。

上記の厚さの装甲板を使って、指示された60トンという重量に納めることが不可能なのは、すでに設計段階において明白となった。そこでハリコフ機関車工場設計事務所は別のレイアウトを模索するようになった。7種類のヴァリエーションが提案され、それらはいずれもT-35をベースに維持しながら、砲塔の数と配置が互いに異なっていた。

新しい重戦車の設計作業を加速化するため、1938年の4月にはこの作業にレニングラードのキーロフ工場とS・M・キーロフ記念第185工場（スペツマシュトレスト試作工場の後身）も加えられた。大きな生産設備とT-28戦車量産の経験を有する前者はSMK-1戦車（SMKは、ロシア革命の指導者の1人、セルゲイ・ミローノヴィチ・キーロフの略）を、新型戦闘車両の開発に関する経験が豊富な後

25：1940年5月1日、赤の広場に向かうT-35戦車。（ASKM）

者は製品『100』（またはT-100）をそれぞれ開発した。当初はT-35で実証された走行装置をSMK-1とT-100にも採用するはずであったが、後にこのアイデアは放棄された。

これと同じ時期にハリコフ機関車工場設計事務所ではT-35の戦車砲をKTから新型の36mm砲L-10に換装することが検討されたが、軍部はこれを拒否した。「歩兵随伴の任務にはKTの威力は十分であり、装甲兵器との戦闘には2門の45mm砲で十分事足りるからだ」、との判断であった。

1938年の末からハリコフ機関車工場は、円錐形砲塔を持ち、装甲が少し厚みを増し、サスペンションも強化され、燃料タンクの容量も増やしたT-35戦車の生産に移行した。このシリーズの最初の3両が納入されたのは1939年の2月〜4月で、砲塔基部の形状が異なる次の3両は5月〜6月に出荷された。一部の車両には主砲塔の背面に機銃が取り付けられていた。これらの車両は、前方傾斜装甲板と正面装甲板の装甲厚が70mmまで、そして砲塔と砲塔基部の装甲厚が25mmまで増強されていた。戦車の重量は54トンにまで増えた。この当時すでに、新型重戦車のSMKとT-100はテストを受け、T-35に対する相当な優位性を示していた。それゆえ、ソ連最高軍事会議は1939年6月8日付の決定で、T-35を生産から外すことにした。T-35はこうして、1932年から1939年にわたり全部で2両の試作車（T-35-1、T-35-2）と61両の量産車が生産された。

26

27：1940年11月7日の革命記念パレードで、赤の広場を走るT-35戦車の一団。写真中2両は1939年製造の戦車で、砲塔基部は垂直壁と傾斜壁を持ち、サイドシールドには様々な形状のハッチが見られる。また別の1両は1936年に製造された車両で、排気系統が改良され（排気消音装置が車体内部に納められ）、アンテナには8本の支柱があるが、砲塔には共用ハッチが1つあるのみだ。（RGAKFD）

28、29：砲塔が円錐形で、傾斜壁のある砲塔基部を有するT-35戦車。モスクワ、1940年5月1日。これらの写真では主砲塔の背面には機銃架がないのがよく分かり、補助工具が取り付けられた状態やトランスミッションにアクセスするハッチの構造がはっきり見える。開放されたグリルを通して換気扇が覗いている。これらの"スパイ写真"は、クレムリン傍のマネージ広場に当時建っていたアメリカ大使館の窓から撮影されたものである。（スティーヴン・ザロガ氏提供）

30、31：1940年11月7日の革命記念日、赤の広場へ向かっている T-35戦車。西方の鹵獲車両も、1939年の2月から4月にかけて た履帯カバー先端の泥よけが目立っている。このパレードのとき 以外に、このような泥よけはまったく見当たらない。写真31では、

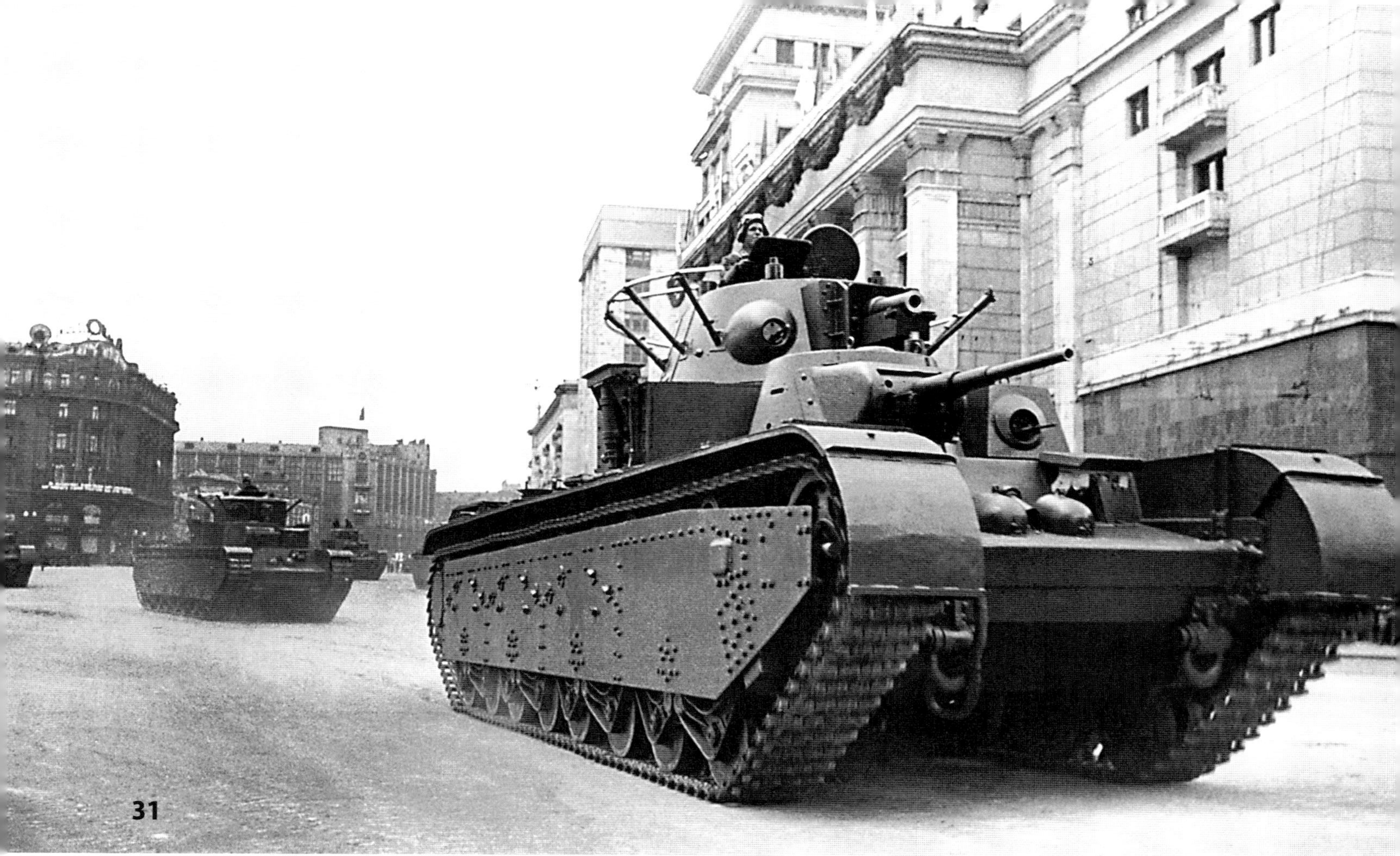

31

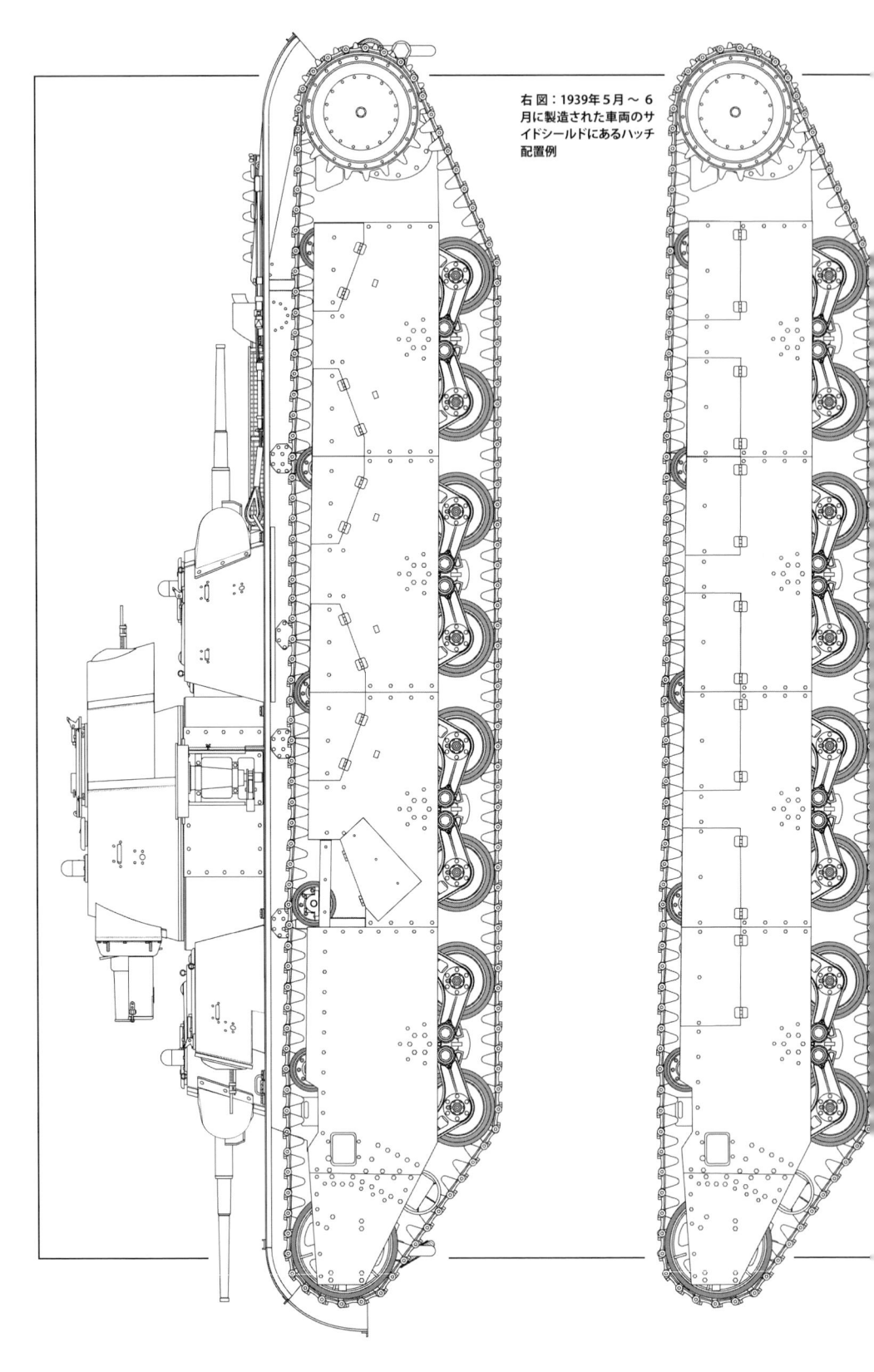

右図：1939年5月～6月に製造された車両のサイドシールドにあるハッチ配置例

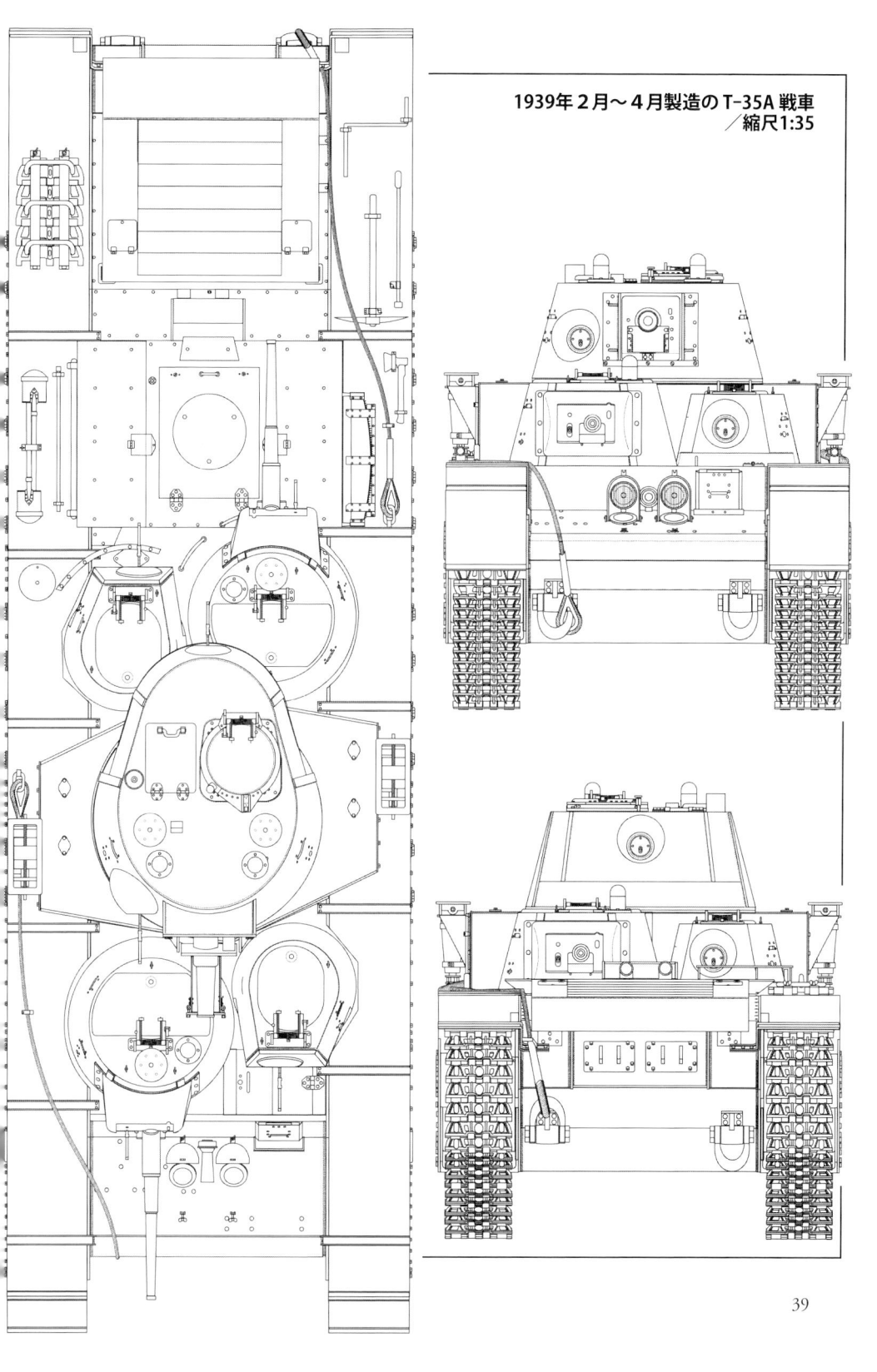

1939年2月～4月製造のT-35A戦車
／縮尺1:35

32：1940年11月7日の革命記念パレードにおける、1939年2月～4月製造のT-35戦車（円錐形砲塔）。（ASKM）

33～35：円錐形砲塔を持つT-35戦車。1940年5月1日、赤の広場。写真33の車両は1939年の2月～4月に、次ページの写真34と写真35の車両は同じ5月～6月に製造された。これらの車両の基本的な相違点──砲塔基部の側壁が垂直面か傾斜面か、またサイドシールドのサスペンションハッチの形状の違いがよく分かる。(ASKM)

34

製造年ごとのT-35戦車の製造番号					
1934	1935	1936	1937	1938	1939
148-25	339-30	220-25	0197-1	0197-2	744-62*
148-11	339-48	220-27	0197-6	0197-7	744-63*
148-19	339-75	220-28	0217-35	0200-0	744-64*
148-22	339-78	220-29	196-94	0200-4	744-65*
148-31	288-11	228-43	196-95	0200-5	744-66*
148-30	288-14	228-65	196-96	0200-8	744-67*
148-40	288-41	228-74	988-15	0200-9	
148-39		0183-3	988-16	234-34*	
148-41		0183-5	988-17	234-35*	
148-50		0183-7	988-18	234-42*	
		537-70		234-61*	
		537-80			
		537-90			
		715-61			
		715-62			

「＊」付きは円錐形砲塔搭載型車両を表す

1934年〜1939年の月別T-35戦車生産数												
年	1月	2月	3月	4月	5月	6月	7月	8月	9月	10月	11月	12月	年間計
1934	—	—	—	—	—	—	—	—	—	10	—	—	10
1935	—	—	—	—	—	—	—	—	—	—	3	4	7
1936	—	2	1	2	1	—	—	2	1	1	1	4	15
1937	—	—	1	—	2	—	—	—	—	3	—	4	10
1938	—	2	2	1	1	1	—	—	—	2	—	2	11
1939	1	1	3	1	—	—	—	—	—	—	—	—	6

35

第3章
戦車の構造
УСТРОЙСТВО ТАНКА

36

36、37：T-35戦車の全体像。1947年、クビンカ。装甲カバーの中の照明燈と工具類の固定具がはっきり見える。現在この車両はクビンカの機甲兵器技術軍事博物館に展示されている。(ASKM)

戦車各部のレイアウト　Компоновка танка

　T-35戦車は兵装が二段階に配置された五砲塔戦闘車両である。車体は4つの内部の隔壁があり、機能的に5つのセクションに別れていた（操縦塔付きの前部砲塔、主砲塔、後部砲塔、機関室、トランスミッション部）。

　前部砲塔部分の車体天蓋には小砲塔と中砲塔が各1基搭載されていた。小砲塔には機銃手が、中砲塔には照準手と装填手が配置される。小砲塔の手前辺りの車内には操縦手席があり、操縦手の搭乗用に両開きのハッチが用意されている。1938年製のいくつかの車両には二段階で片側にだけ開くハッチや、円錐形砲塔搭載型BT-7快速戦車の砲塔ハッチと同じ構造の楕円形ハッチも見られる（イラスト39参照）。戦車の操縦メカニズムは、操縦手席の両側に配置され

たサイドクラッチ並びにブレーキの操作レバー2本、操縦手の右側にあるギアシフトリンク、それに3つのペダル（メインクラッチペダル、アクセルペダル、電気式スターターの替わりに機械式スターター装備の場合の予備ペダル）から構成される。制御機器、計測機器は取り外し可能なパネル（メインパネル1枚、小パネル3枚）に配置されている。このほか操縦席には、発電機点火予備レバー（自動点火しないマグネト発電機装備の場合）、電話機、コンパス（1937年以降）、圧縮空気噴射ハンドル（電気スターター不具合の際にエンジンを始動させるため）が備えられている。操縦手の左手には側面装甲板にトリプレックス*で覆われた視察孔が開けられており、前方の正面傾斜装甲板にはもう1つの視察装置を持つハッチが設けられている。

操縦席の右手、中砲塔の下には床の板に工具箱が、また車体先端部の車底にはスターターが作動しない場合に備えたエンジン稼働用の各々150気圧の圧縮空気ボンベが2本取り付けられている。

主砲塔は六角形の砲塔基部に載っている。1939年製の戦車では

＊編注：
トリプレックス～この場合、1905年に発明された飛散防止強化ガラスの商標。2枚のガラスの間に樹脂層（セルロイド）を挟み込んだもので、樹脂層が破片の飛散を防止する役目を果たす。主に自動車のフロント・ウィンドシールドとして実用化され、軍事的としては積層防弾ガラスにも応用された。現在でも鉄道車両の窓ガラスなどで「トリプレックス」のロゴを見ることができる。なおトリプレックスtriplexは元来「3組の、3重の」といった意味である。

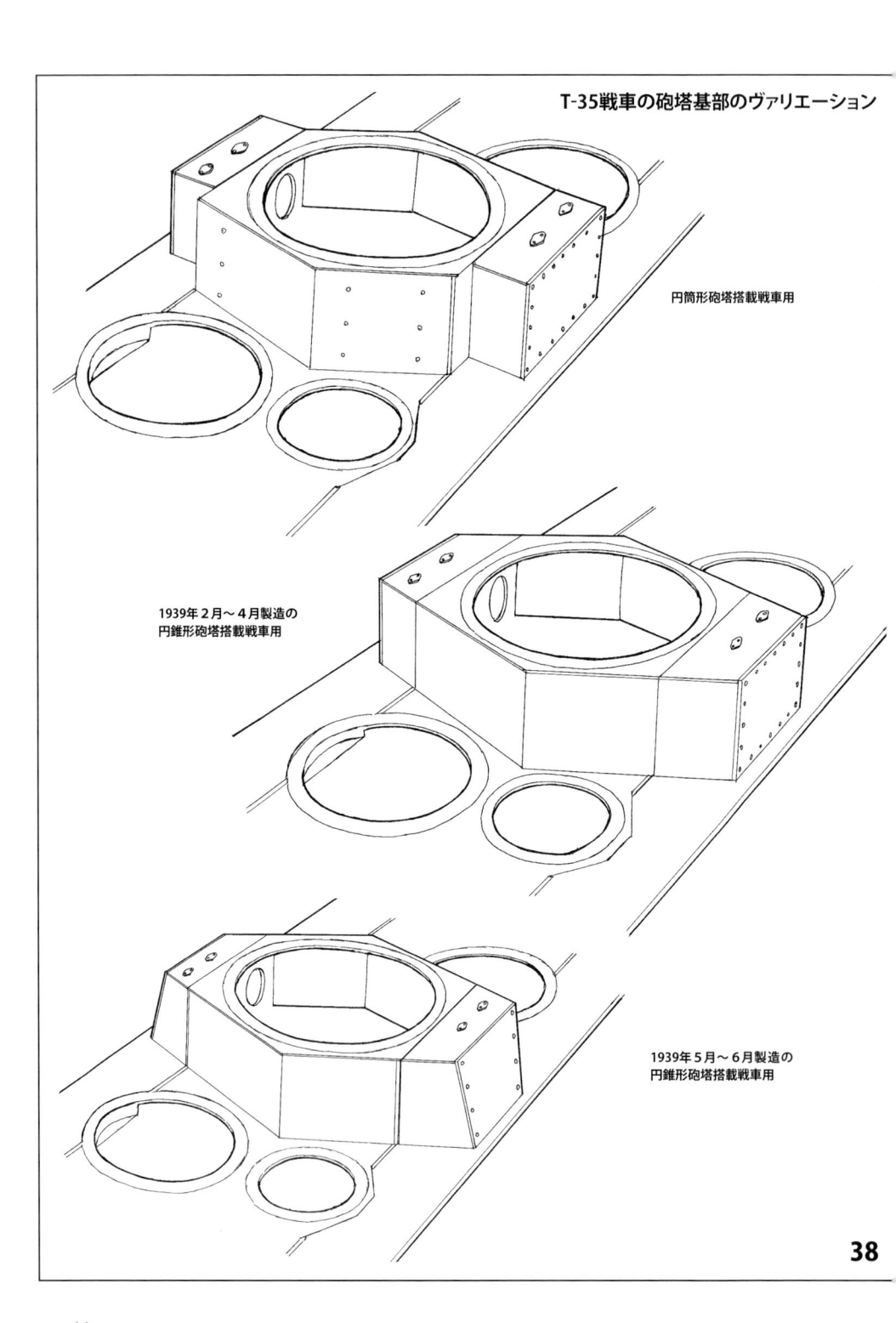

T-35戦車の砲塔基部のヴァリエーション

円筒形砲塔搭載戦車用

1939年2月～4月製造の
円錐形砲塔搭載戦車用

1939年5月～6月製造の
円錐形砲塔搭載戦車用

38

T-35戦車の操縦手ハッチのヴァリエーション

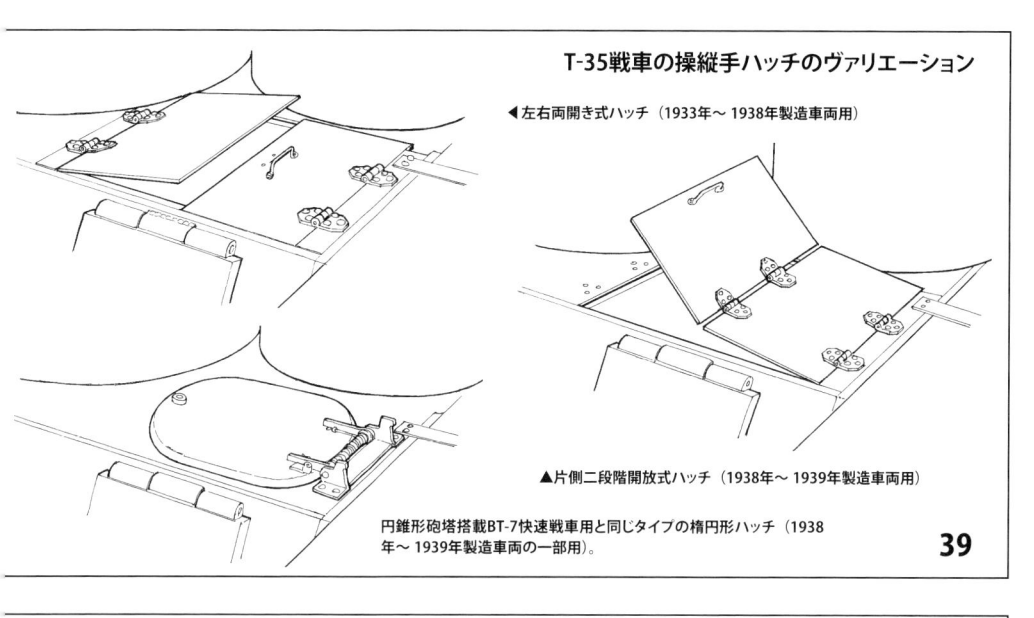

◀ 左右両開き式ハッチ（1933年～1938年製造車両用）

▲ 片側二段階開放式ハッチ（1938年～1939年製造車両用）

円錐形砲塔搭載BT-7快速戦車用と同じタイプの楕円形ハッチ（1938年～1939年製造車両の一部用）。

39

T-35戦車のトランスミッションアクセスハッチのヴァリエーション

40

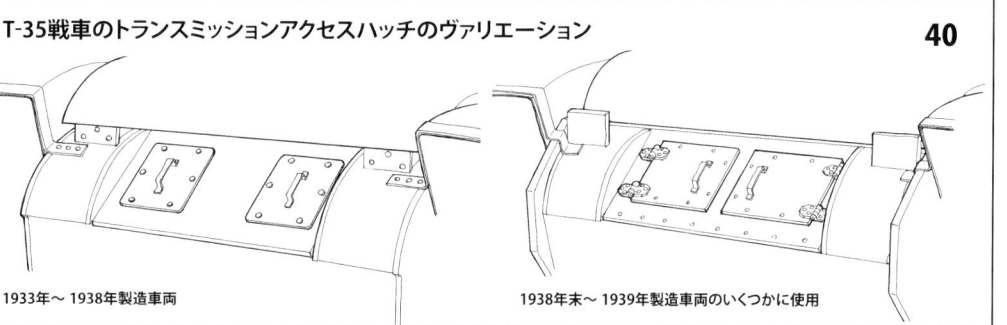

1933年～1938年製造車両

1938年末～1939年製造車両のいくつかに使用

砲塔基部の形状が変わっている（イラスト38参照）。主砲塔部分には乗員4名分（車長、照準手、通信手、機関手）のシートがある。車体の床の上段板の下と車体の両側には76mm砲弾とディスク型機銃弾倉の弾薬架、工具類、予備部品、発煙装置、予備機銃が、また車底には蓄電池が置かれる。

　車体の後部砲塔部分には前部と同様の小砲塔、中砲塔が各1基載っており、小砲塔の背後には容量270リットルの燃料タンクが、また車内の床には銃砲弾の弾薬架、予備工具類が置かれる。

車体　Корпус танка

　車体は鋳造され、部分的に鋲留めされている。車底は6枚の10mm装甲板と1枚の20mm装甲板（車底後部）が相互に溶接されたものである。いくつかの溶接の継ぎ目には強度を増すために小さ

な装甲板の断片がかぶせられている。車底の両側には側面装甲板が、また前方と後方の部分には前部、尾部傾斜装甲板が溶接されている。車底の後部には各種装置へのアクセスや燃料・オイルの排出のためのハッチが13個も配置されている。機関室とトランスミッションの部分にはエンジンとギアボックスを固定するフレームが取り付けられている。前方と後方の戦闘室では車底に溶接されたフレームに、取り外し可能な4枚からなる床板が納められる。主砲塔部の床は上下二段の床板でできている。

　車体の側面は7枚の装甲板を溶接して作られている。溶接の継ぎ目には強度を増すため上からカバープレートがさらに溶接され、しかも肘材が鋲留めされる。それに加え、車体側面に外側から鉄骨が溶接され、その鉄骨にサスペンション防御装甲板とサスペンション固定用ブラケットが取り付けられる。車体側面装甲板には射撃後の

41：1936年11月7日の革命記念日、モスクワ市赤の広場におけるT-35戦車。この写真では砲塔の戦術識別章がはっきり見える。（RGAKFD）

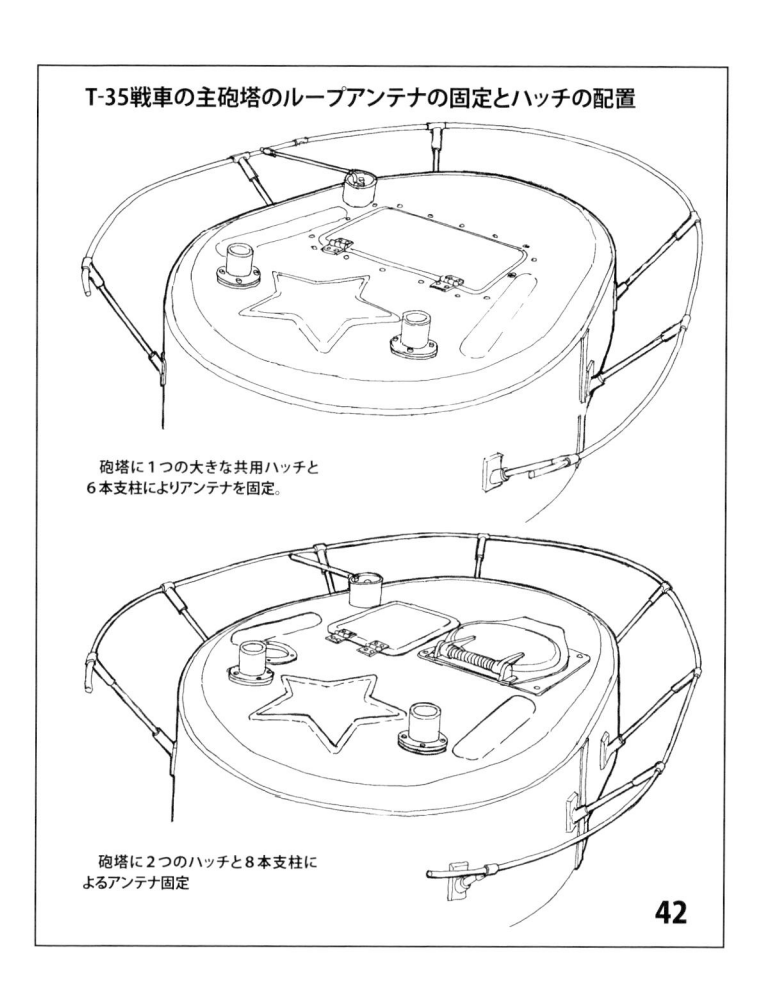

T-35戦車の主砲塔のループアンテナの固定とハッチの配置

砲塔に1つの大きな共用ハッチと
6本支柱によりアンテナを固定。

砲塔に2つのハッチと8本支柱に
よるアンテナ固定

42

空薬莢の収納孔もある。

　機関室の天蓋は取り外しができず、その中央部にはエンジンにアクセスするためのハッチがある。ハッチの天井には空気清浄装置の装甲キャップが取り付けられている。ハッチの左右には冷却装置用の空気吸入口があり、装甲カバーで上から覆われている。

　車体尾部には換気装置の取り外し可能なグリル付き装甲カバーが固定されている。尾部装甲板にはトランスミッションへのアクセスのための2個のハッチがあるが、1938年末から1939年にかけて生産された戦車では別のタイプの2個の蝶番付きハッチに取り換えられている（イラスト40参照）。

主砲塔　Главная башня

　T-35重戦車の主砲塔は、T-28中戦車の主砲塔と構造的に同じである。主砲塔の尾部には蓋で覆われた後部機銃用の垂直な孔が開け

49

1939年に製造されたT-35戦車の主砲塔背面のヴァリエーション　左：機銃架付き（1939年2月～4月製造の2両のみ）、右：機銃架なし

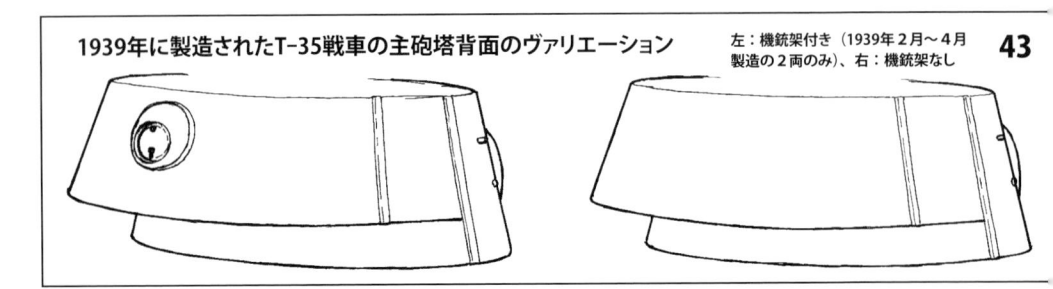

43

られている。主砲塔の天蓋には円形と長方形の2個のハッチ（初期型は共用の長方形ハッチ1個のみ）と3個の円形孔がある（そのうち2個は装甲キャップで覆われたペリスコープ用、もう1個は無線アンテナ用ケーブルを出すためのもの）。砲塔の側壁には円形孔があり、内側から栓を抜いて個人携行武器による射撃に使用することができ、またその上にはトリプレックス付きの視察孔がある。

主砲塔の旋回メカニズムは、電動または手動で三段階の速度でもって螺旋状に旋回する機構になっている。主砲塔の360度旋回は第一速で16秒、第二速で9.3秒、第三速で7.4秒かかる。小砲塔と中砲塔のすべてのハッチの下には、この装置をブロックするボタンが

46：1935年11月7日の革命記念パレードにおけるT-35戦車。この写真では車体の左側にズックとロープがはっきり見える。（RGAKFD）

46

1933年〜1938年に製造されたT-35戦車の小砲塔機銃架のヴァリエーション　　44

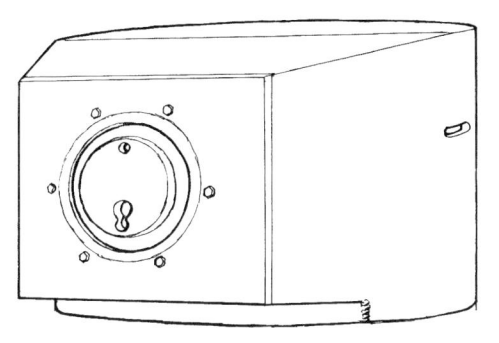

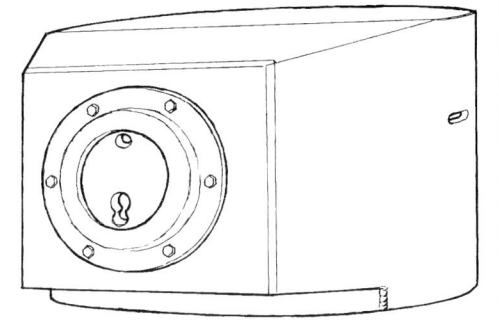

左：標準型。右：増加装甲球形機銃架付き（基本的に1938年製造車両用であるが、それ以前に製造されてハリコフ機関車工場で大修理を施されたいくつかの車両にも見られる）。

45　　T-35戦車の排気消音装置のヴァリエーション

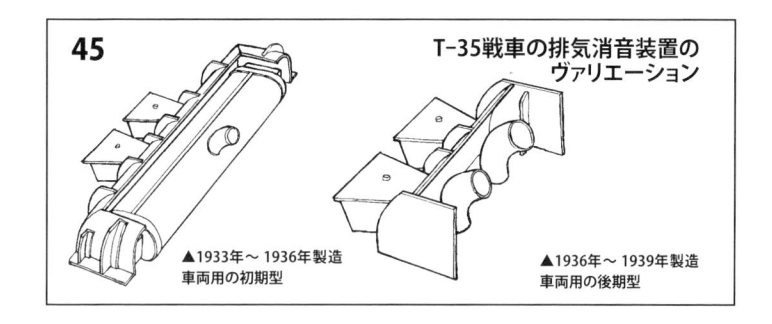

▲1933年〜1936年製造車両用の初期型　　▲1936年〜1939年製造車両用の後期型

ある。照準手の専用ボタンでハッチを開くと、主砲塔ではランプが消え、それが砲塔旋回禁止の合図となる（他の砲塔から這い出る乗員の怪我を防ぐためである）。

　主砲塔には4本のブラケットで負い革に固定された懸架式の床がある。車長と照準手のシートの下には、それぞれ砲弾6発用の回転式弾薬架がある。シートとシートとの間には、砲弾と6枚のディスク型機銃弾倉を収納する、12の入れ口を持つ棚がある。（行軍と戦闘時用の）折りたたみ式の通信手席と機関手席は、懸架式床の後ろ側のブラケットに固定されている。主砲塔背面の壁には無線装置が置かれる。装置類と火器を含めた主砲塔の総重量は1,870kgになる。

　1939年製の戦車には、円錐形主砲塔の背面に2個の機銃架を持つ車両と、持たない車両がある（イラスト43参照）。

中砲塔　Средние башни

　T-35の中砲塔の構造はBT-5軽戦車の砲塔と同じであり、違いは背面のハッチがないだけである。中砲塔の天蓋には2枚のカバーで閉じられる長方形ハッチと、潜望鏡用の円い孔がある。中砲塔の右

側面には個人携行火器で射撃するための円形孔が、その上にはトリプレックス付きの視察孔がある。車体の正面装甲板には、連装された戦車砲と機銃の長方形の銃眼が開いている。

　中砲塔には照準手と装填手2名のための懸架シートがあり、そのほか砲弾と機銃弾倉を収納する弾薬架、トリプレックスの予備ガラス、配電盤がある。中砲塔は手動旋回メカニズムを有する。総重量は630kgである。

小砲塔　Малые башни
　T-35の小砲塔はT-28中戦車の小砲塔と構造的には同じである。小砲塔の天井には折りたたみ式ハッチがあり、側面には視察孔と回転式拳銃用の射撃孔がある。
　小砲塔の下辺りの車底には高さを調節することができるシートがあり、機銃弾倉架、専用ケースに入った予備機銃が置かれる。小砲塔の旋回は手動旋回装置を使って行われる。小砲塔の総重量は366kgである。

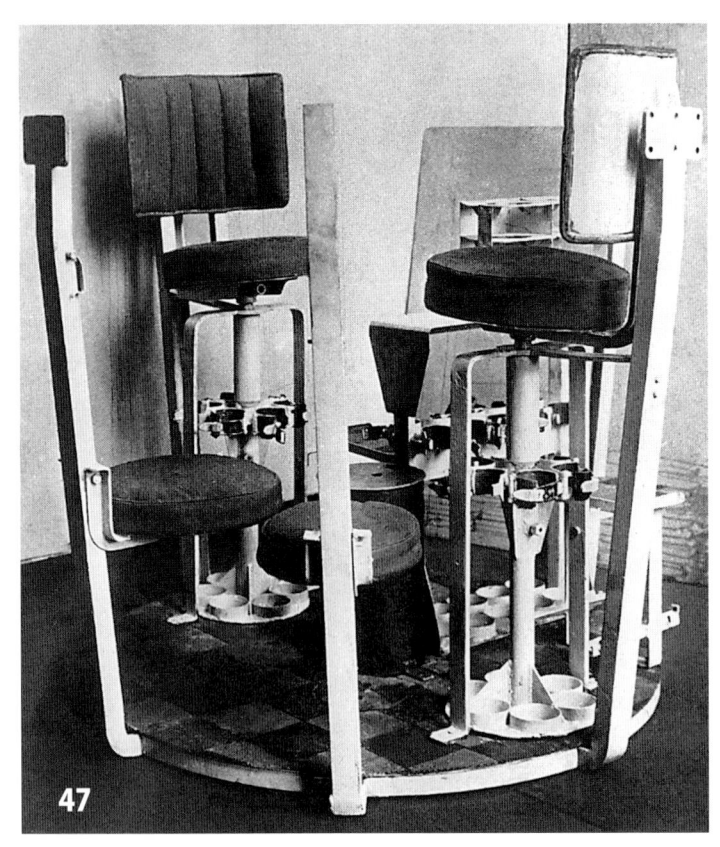

47：主砲塔の懸架式床。車長（左側）と照準手（右側）のシートの下には各々6発分の回転式弾薬架が見える。写真の中央には電動砲塔回転装置のカバーと8発分の弾薬架が覗いている。またその手前には装填手（通信手）シートが2つあるが、左側は走行時用、右側は戦闘時用である。（ASKM）

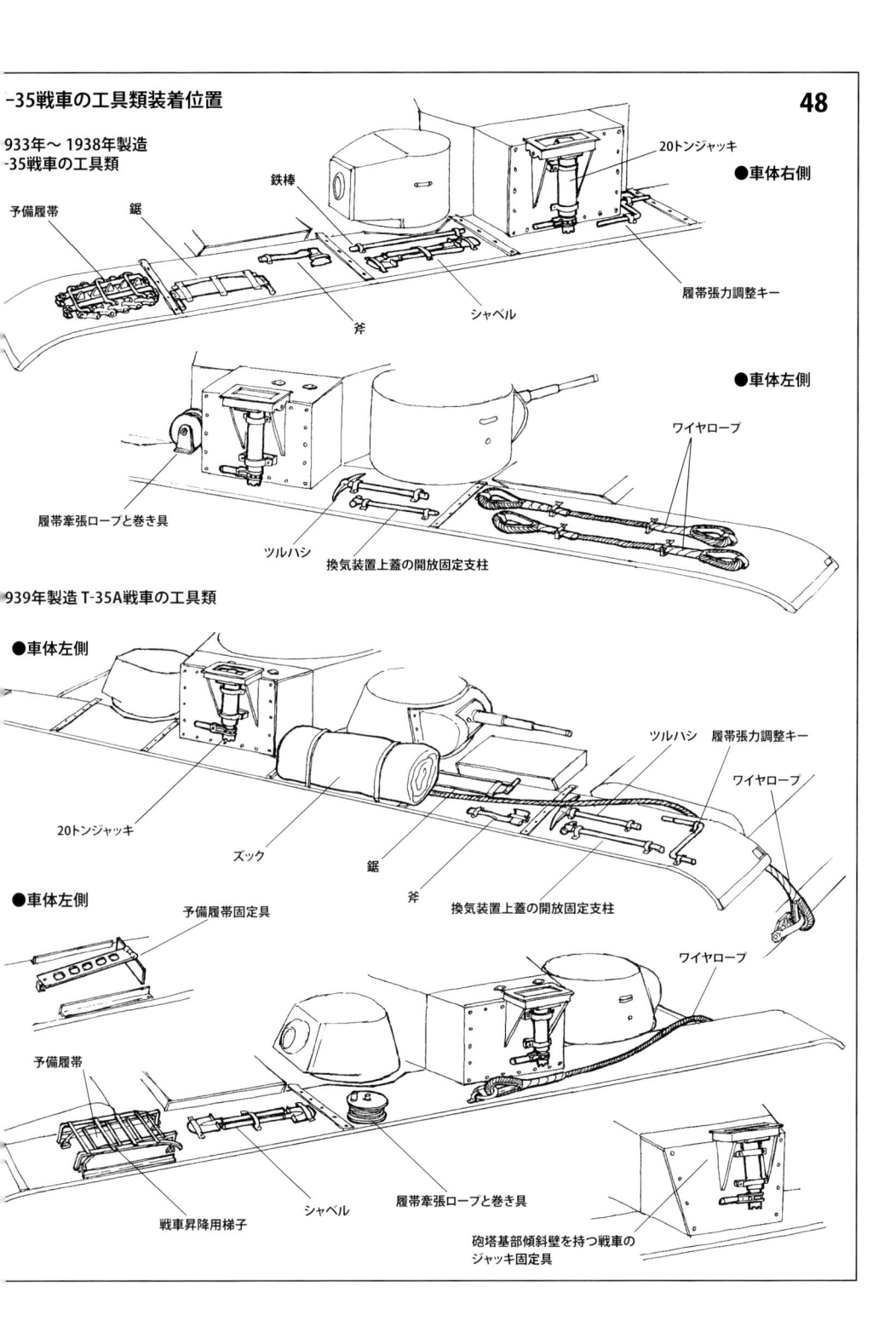

T-35戦車の工具類装着位置

1933年～1938年製造 T-35戦車の工具類

- 予備履帯
- 鋸
- 鉄棒
- 20トンジャッキ
- ●車体右側
- 斧
- シャベル
- 履帯張力調整キー
- 履帯牽張ロープと巻き具
- ●車体左側
- ツルハシ
- 換気装置上蓋の開放固定支柱
- ワイヤロープ

1939年製造 T-35A戦車の工具類

●車体左側

- 20トンジャッキ
- ズック
- 鋸
- 斧
- ツルハシ
- 換気装置上蓋の開放固定支柱
- 履帯張力調整キー
- ワイヤロープ

●車体左側

- 予備履帯固定具
- 予備履帯
- 戦車昇降用梯子
- シャベル
- 履帯牽張ロープと巻き具
- ワイヤロープ
- 砲塔基部傾斜壁を持つ戦車のジャッキ固定具

兵装　Вооружение

　T-35戦車の兵装は次の任務を想定したものである。すなわち、76mm砲と機銃は歩兵の支援と野戦要塞施設の破壊のため、そして45mm砲は装甲兵器との戦闘のためである。当初T-35の主砲塔には76mmKT砲（「キーロフ戦車砲」）1927/32年型が搭載され、それには野戦連隊砲1927年型の揺架が使用されていた。KT砲は駐退復座装置内部の圧力を高めることにより、後座長が1000mmから560mmに短くなっていた。1935年には後座レールの壁面の厚みが3.6mmから8mmになって後座レールが強化された。これは、戦車が不整地を走行しているうちに、旧式の後座レールは変形していたことへの対策であった。

　1936年の初頭からT-35戦車の76mm砲は、T-28中戦車に搭載のKT-28砲と規格が完全に統一された。復座装置の中の液体の量は3.6リットルから4.8リットルに増えたことで、後座長は500mmにまで短縮された。さらに、俯仰装置や照準装置が一新され、発射装置は足踏み式となった。

```
76mm戦車砲の性能諸元
　　　　口径……76.2mm　　砲身全長……16.5口径長
　　　　砲弾重量……6.5kg　砲弾初速……秒速381m
　　　　最大仰角……＋25度　　最大俯角……－5度
　　　　揺架重量……540kg
```

　戦車砲には防楯が装着され、TOPテレスコープ照準器1930年型とPT-1ペリスコープ照準器1932年型が装備された。テレスコープ照準器は砲の左側に、ペリスコープ照準器は砲塔天井の左側に取り付けられ、後者はいわゆる「ペリスコープ伝導装置」で砲につなげられていた。これらの照準装置のほかに、砲塔天井の右側にはペリスコープ照準器と対称の位置にPTK車長パノラマ視察装置が配置されている。

　口径7.62mmのDT機銃（「デクチャリョフ戦車機銃」）は戦車砲の右側に球形防楯の中に装備されている。その水平射角は±30度、仰角＋30度、俯角－20度である。後方射撃用には砲塔背面に予備DT機銃用の銃眼、銃架がある。

　1937年以降、照準手ハッチにはコリメーター照準器を装着したDT機銃用の回転高射銃座P-40が設置されるようになり、対空射撃が可能となった。

　中砲塔には45mm戦車砲20K 1934年型が搭載される（初期型車両には1932年型が搭載された）。1934年型45mm砲はそれまでの砲と違って、慣性式ではなく機械式の半自動射撃装置と改良された

49、50：ハリコフ機関車工場組立作業場のT-35戦車。写真49では、戦車の組立台、走行装置の転輪ボギーコーベル、転輪と肘材（車体装甲板接合部分への装甲継ぎ目板）が見え、写真50では転輪ボギーがすでにコーベルに取り付けられている。（ASKM）

49

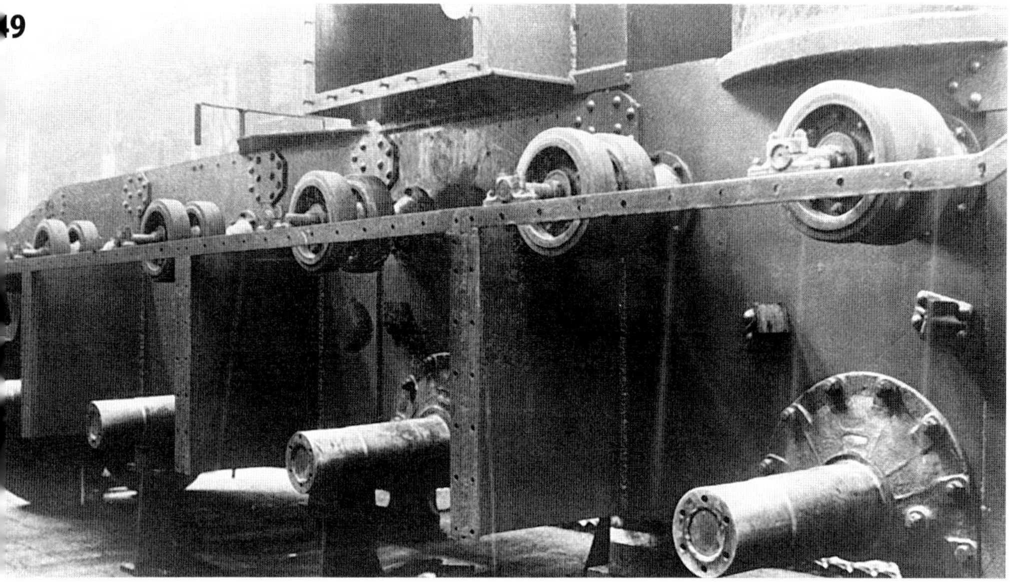

50

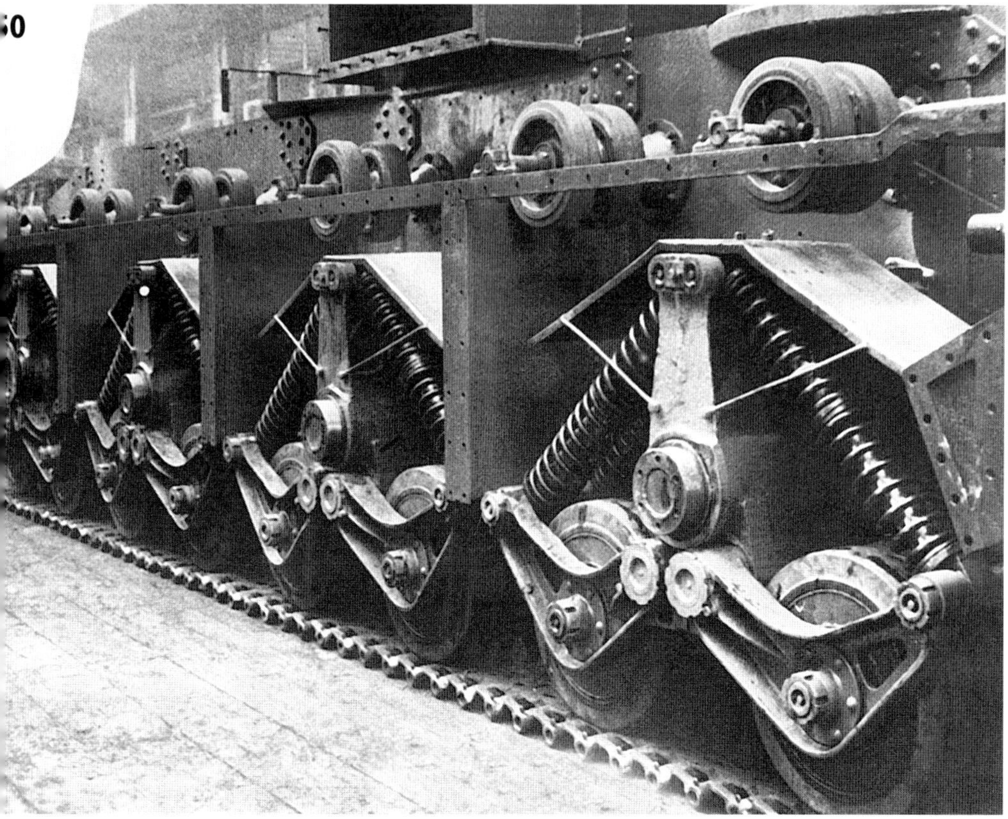

駐退装置、斬新な俯仰メカニズムを持ち、そのほか一連のもっと細かい改良も施されている。

45mm戦車砲の性能諸元	
口径……45mm	砲身全長……46口径長
砲弾重量……1,425kg	砲弾初速……秒速760m
最大仰角……＋22度	最大俯角……－6度
揺架重量……313kg	

45mm戦車砲には防楯が着けられ、DT機銃と連装されている。連装銃砲には、ペリスコープ式のPT-1とテレスコープ式のTOPの2個の共通照準装置がある。さらに機銃は単独射撃用のオープンサイトも備えている。

小砲塔にはDT機銃1挺が球形銃架に装着されている。1938年の末から小砲塔の正面装甲板には特別に装甲リングが取り付けられるようになった。球形機銃架が射撃されて、つかえて動かなくなる事態を防ぐものである（イラスト44参照）。

51. この写真では走行装置の第一転輪ボギーが見える。その右には前方支持輪（24ページの上図にも見える、誘導輪と第一転輪の間の小さな車輪で、障害物を超越する際に支えとなる）があり、さらにその上には履帯牽張装置が見える。（ASKM）

52、53：T-35戦車のサスペンションボギー。転輪アームとその上に取り付けられた泥除けがはっきり見える。(ASKM)

戦車の装備弾薬は76mm砲弾が96発（榴弾48発、榴散弾48発）、45mm砲弾が226発（徹甲弾113発、榴弾113発）、7.62mm銃弾10,080発である。必要な場合は76mm砲用に徹甲弾も加えられるが、それらの装甲貫徹能力は実は非常に低かった。

エンジンとトランスミッション
Двигатель и трансмиссия

どのT-35戦車にも4サイクル12気筒V型キャブレター航空エンジンM-17が搭載され、最大出力は毎分1,450回転で500馬力であった（1936〜1937年の改良でエンジンは580馬力まで強化された）。圧縮

比は5.3、エンジンの乾燥重量は553kgである。

　使用される燃料はB-70ガソリンとKB-70ガソリンである。燃料タンクは３つあり、そのうち２つは320リットル、残りは270リットルの容積である。燃料はガソリンポンプによる圧力をかけて供給される。冷えたエンジンを始動させる際に吸入管へ燃料を注入させるために、アトモスという機器が特別設計された。

　オイルポンプは歯車式、キャブレターはKD-1タイプが２つ、エンジン冷却は自動水冷式である。ラジエーターはエンジンの左右両側に計２基取り付けられている。左側と右側のラジエーターを相互に取り替えることはできない。トランスミッション部のギアボックスは前進４速、後進１速で、減速装置はラジエーターの冷却に空気を吸い込む換気装置につながる。減速装置への伝動はクランクシャフトから行われる。毎分1,450回のクランクシャフトの回転で換気装置は毎分2,850回転となり、毎秒20立方メートルの空気が吸入されることになる。ギアボックス本体にはエンジン始動用のスターターがある。トランスミッション部にはこれらのほかに、多くのディスク（27枚）からなる（鉄と鉄の）乾燥摩擦メインクラッチや、やはり多くのディスクからなるベルトブレーキ付きサイドクラッチ、２組のシリンダーギアを持つ終減速機がある。

走行装置　Ходовая часть

　T-35戦車の走行装置の片面は、履帯牽張ネジが付いた誘導輪１個、取り外し可能な歯状環が付いた駆動輪１個、直径の小さいゴム被覆転輪８個、上部支持転輪６個、前方支持輪１個から構成される。

　誘導輪は戦車の前部に４個のブラケットに取り付けられ、またこ

54：外側から見たT-35戦車のトラックシュー。（ASKM）

れらのブラケットは車体側面装甲板とサスペンションシールドにネジで留められている。

サスペンションは1個の懸架装置に転輪が2個ずつまとめられ、2本の螺旋スプリングが着けられている。

前方支持輪は誘導輪と前方サスペンションの間に取り付けられ、垂直障害物を乗り越える際に履帯を支えるものである。

履帯は135個のトラックシューから構成される。トラックシューの幅は526mm、ピッチは160mmである。履帯の接地表面の長さは6,300(6,480) mmである。

T-35の走行装置はシールドで覆われ、それは取り外し可能な厚さ10mmの装甲板6枚からなる。1938年製のいくつかの車両と1939年製のすべての車両では、この防護板の全長が短くなり、装甲板5枚で作られるようになり、そのうえ、走行装置のメンテナンスを容易にするハッチまで削除された。

電気装備　Электрооборудование

配電系統は1つだけで、無線装置と照準器照明を除くすべての装置の電圧は24ボルトである。給電は発電機1基と蓄電池4個で行なわれる。

通信装置　Средства связи

T-35戦車にはループアンテナを持つ無線装置71-TK-1(1936年以降は71-TK-3)が装備されている。1933年〜1934年製の戦車では、アンテナは6本の支柱で固定されていたが、1935年以降は8本に増えている。71-TK-3は第二次世界大戦前の無線装置の中では最も普及していたものである。これは特殊送受信、通信通話の振幅変調(AM)単体無線装置である。作動周波数帯は4〜5.625メガヘルツで、通話可能距離は走行時が最大15km、駐停車時は30km、また停車時の通信可能距離は50kmに及ぶ。この無線装置の重量はアンテナなしの状態で80kgである。

戦車内の通信には7名用の専用通話装置TPU-7rがある。

特殊装備　Специальное оборудование

動力室に四塩化炭素入りの固定消火ボンベがあり、操縦手によって射出されるようになっており、さらに1本の携行消火ボンベが備えられている。

また、T-35戦車には発煙装置TDP-3が車体両側面の装甲ケースに取り付けられている。TDP-3の連続作動時間は3〜5分間である。

第**4**章

T-35 戦車の配備と戦闘運用
СЛУЖБА И БОЕВОЕ ПРИМЕНЕНИЕ

55

55：演習中の第5重戦車旅団所属のT-35戦車。ハリコフ地区、1936年夏。この写真では、1930年代の労農赤軍戦車部隊に共通の標準戦術章がはっきり見える。上の帯の色は旅団内の大隊番号、下の断続する帯の色は中隊番号、側面の正方形の色は小隊番号、正方形内の番号は小隊内での戦車番号をそれぞれ示している。(CMAF)

　最初の量産型T-35戦車はハリコフの総司令部予備軍第5重戦車連隊に支給された。1935年12月12日、この連隊は第5独立重戦車旅団に拡大再編された。同旅団の組織編成は、正規戦車大隊3個、教導大隊1個、戦闘支援大隊1個、その他の部隊からなっていた。1936年5月21日付のソ連国防人民委員指令により、この旅団は総司令部予備軍に編入された。そして、予め構築された敵のとりわけ強固な陣地を突破する際に、歩兵部隊と戦車部隊を補強することが使命とされた。この任務に沿って赤軍機甲局が特別に練り上げたプログラムにしたがって、戦車隊員たちの訓練も行なわれた。乗員たちの訓練は、ハリコフ機関車工場の技師たちが指導する特別教習の形で行なわれた。これに加えて、1936年にはリャザンで第3重戦車旅団の中にT-35教導戦車大隊が編成された。

　1936年当時の「T-35の戦闘乗員班」の内訳と各乗員の任務が興味深いので、ここで見てみよう：

1) 車長（上級中尉）……第1砲塔（主砲塔）の砲の右側に着座し、DT機銃射撃を行ない、通信手の協力を得て砲弾を装填し、戦車を指揮する；
2) 車長補佐（中尉）……第2砲塔（前方、砲搭載）に着座し、45mm砲射撃を行ない、車長の代理を務め、戦車の全兵装の状態に責任を持ち、戦闘時以外では砲手と機銃手の訓練を指導する；
3) 下級戦車技手（二等軍事技手）……操縦室にいて戦車を走行させ、戦車の機械的状態に責任を持ち、戦闘時以外は操縦手と機関手の訓練を指導する；
4) 技工操縦手（曹長）……第3砲塔（前方、機銃搭載）の機銃の傍に着座し、機銃射撃を行い、エンジンのメンテナンスを担当し、戦車副操縦手を務め、第3砲塔の兵装の状態に責任を持つ；
5) 第1砲塔長（下級小隊指揮官）……砲の左側に着座し、砲撃を行ない、砲塔の兵装の状態に責任を持つ；
6) 第2砲塔長（分隊指揮官）……砲の右側に着座し、装填手の役割を担い、車長補佐が欠ける場合には45mm砲の射撃を行い、第2砲塔の兵装の状態に責任を持つ；
7) 第4砲塔長（分隊指揮官）……後方の45mm砲搭載砲塔の砲の傍に着座して砲撃を行ない、第1砲塔長の代理も務め、第4砲塔の兵装の状態に責任を持つ；
8) 下級技工操縦手（分隊指揮官）……第4砲塔の砲の右側に着座し、装填手を務め、車両の走行装置のメンテナンスに携わる；
9) 機銃塔長（分隊指揮官）……第5砲塔（後方、機銃搭載）の機銃で射撃し、第5砲塔の兵装の状態に責任を持つ；
10) 上級無線電信手（分隊指揮官）……第1砲塔にいて無線装置を操作し、戦闘時には砲弾の装填を補助する；
11) 上級技工操縦手（下級小隊指揮官）……戦車の車外にいて、トランスミッションと走行装置のメンテナンスを担当し、技工操縦手（曹長）代理を務める；
12) 機関手（下級技手）……戦車の車外にいて、エンジンを常時メンテナンスし、エンジンの清掃、注油を行なう。

　最初の量産型車両（1933年〜1936年製）を部隊内で運用してみると、そのかなり脆弱で鈍重な性質が露わになった。T-35の車長たちの報告によると、「T-35が超越できるのはわずか17度の傾斜地までで、大きな沼からは脱出することができない」。軍人たちはこの戦車の装備の信頼性が低く、重量の大きさが様々なトラブルを引き起こしていることを指摘した。この点で非常に典型的といえる

56

56, 57：演習中の第5重戦車旅団所属のT-35戦車。ハリコフ地区。1936年夏。写真56では車体左舷の工具類や、車体に斜めに配置された初期型の排気消音装置。戦車への昇降用梯子が取り付けられている様子がよくわかる。この梯子は写真57では機関室天蓋の排気消音装置の上に載せられている。（CMAF）

58：訓練中の第5重戦車旅団所属のT-35戦車。ハリコフ地区、1936年 夏（CMAF）

のが、総司令部予備軍重戦車旅団幹部に宛てた次の文書である：
「T-35戦車の橋梁走行に関して次の規則を常々指導されるよう提案する：
単一スパンの橋では一度に走行するのは戦車1両のみとする；
複数スパンの橋では一度に複数の戦車の走行も可とするが、少なくとも50mの車間距離を取ること；
橋梁走行はいかなる場合にも、戦車の中心線が橋の中心線と厳密に重なるように行なわれなければならない。橋の上での速度は時速15kmを超えてはならない」。
　第5重戦車旅団の他に、T-35戦車は様々な軍の教導組織に支給された。例えば、1938年1月1日当時のデータによると、労農赤軍は41両のT-35戦車を保有し、その内訳は第5重戦車旅団に27両、カザン技術要員機甲技能向上教習所（KBTKUTS）に1両、クビンカ機甲科学試験演習場に2両、リャザンの第3重戦車旅団に1両、モスクワの自動車化機械化軍事アカデミー（VAMM）に1両、オリョール機甲学校に1両、レニングラード機甲指揮官能力向上研修所（LBTKUKS）に1両（T-35-1）、レニングラード戦車技手学校に1両、照準装置と火器操作装置の開発に携わっていた第20研究所に1両（中央制御照準システム付き車両）、ハリコフ機関車工場に

5両であった。

　この当時すでにT-35戦車の戦闘面での価値には疑いがもたれていた。T-35が完璧なパフォーマンスを見せた唯一のケースは軍事パレードであった。1933年以降、大祖国戦争〔ソ連、ロシアにおける第二次世界大戦の主に独ソ戦の呼称〕が始まるまで、T-35はモスクワとキエフのあらゆるパレードに参加した。ただし、参加車両の数は多くなかった。例えば、1940年11月7日の革命記念パレードに差遣された車両は全部で20両（モスクワとキエフに10両ずつ）であった。

　大祖国戦争の勃発までT-35戦車は戦闘行動に加わった経験が皆無であった。西側の文献や、またロシアのいくつかの文献においても、これらの戦車が1939年～1940年のソ・フィン戦争で使用されたとする指摘があるが、それは事実に反する。

　1939年3月31日、第5重戦車旅団はキエフ軍管区に編入され、ジトーミル市に移った。やがてこの旅団は部隊番号が変わり、第14重戦車旅団となる。

　それから半年も経たないうちに、T-35は「軍歴」に終止符が打たれそうになった。1940年6月27日にモスクワで「赤軍の機甲兵

59：第14重戦車旅団の訓練。任務を受領するT-35戦車の乗員。キエフ軍管区、1939年秋。(RGAKFD)

60：対戦車障害物「ドラゴンの牙」を乗り越えるT-35戦車。1936年夏。(ASKM)

61, 62：ヴォロシーロヴェツ牽引車を使った、損壊したT-35戦車の回収作業。1940年。(ハリコフ地区、M・パヴロフ・コレクション提供予定)

62

63：1941年6月30日にヴェルバ村の戦闘で撃破された、製造番号0200-2のT-35戦車。第34戦車師団第67戦車連隊の所属車であネジ2本の内巻と37mm砲弾の弾痕が見える。（ASKM）

64：写真63と同一車両の砲塔アップ。2本の白帯と37mm砲弾の弾痕がよりはっきりとわかる。（ASKM）

65

器システムに関する」会議が開かれ、将来性ある戦車の種類と旧式兵器の退役について話し合われた。T-35に関しては意見が分かれ、T-35は大威力自走砲（SU-14のようなタイプ）に改造すべきだという考えや、はたまた自動車化機械化軍事アカデミー戦車連隊に譲渡してパレードに使用する提案も出された。しかし、赤軍の戦車部隊の再編が始まった関係で、T-35は「完全に消耗するまで武装として残し、それまでに厚さ50～70mmの増加装甲板装着に関する研究を行なう」ことが決定された。

その結果、ほとんどすべてのT-35戦車がキエフ特別軍管区（KOVO）第8機械化軍団第34戦車師団の隷下戦車連隊に残ることとなったのである。

1941年6月1日当時の赤軍には59両のT-35戦車が、次の部隊と教導施設にあった：キエフ特別軍管区第8機械化軍団第34戦車師団—51両（このうち5両が中規模修理、4両が大規模修理を必要とし、後者4両の中3両はハリコフの第183工場に送り出されていた）；機械化自動車化軍事アカデミー（モスクワ軍管区）—2両；第2サラトフ戦車学校及びカザン技術要員機甲技能向上教習所（ヴォルガ沿岸軍管区）—6両（このうち2両は大規模修理を必要とし、ハリコフの第183工場に送り出されていた）。

以上のデータから、1941年の6月に5両のT-35が修理のためハリコフにあったことがわかる。

T-35戦車の戦歴はあっけなかった。1941年6月21日2400時、リヴォフの南西に駐屯していた第34戦車師団の隷下戦車連隊に警報が発出された。戦車は給油されてから演習場に出され、そこで弾薬の搭載が始まった。

「第34戦車師団の戦闘警報出動時の戦闘兵器のエンジン耐用期間データ」によると、師団隷下戦車連隊が保有するT-35の開戦当時のエンジン耐用期間は次のとおりである：

エンジン耐用期間（第67連隊/第68連隊）
0～25時間　　25～50時間　　50～100時間　　100～150時間
　3/5　　　　　5/3　　　　　8/13　　　　　1/10

その後の戦闘で、第8機械化軍団のT-35戦車はすべて失われた。

例えば、『第34戦車師団戦闘行動日誌』にはT-35に関して次の記録が残っている：

「1941年6月22日、師団はKV　7両、T-35　38両、T-26　238両、BT　25両にて出撃……。

6月24日、師団がヤーヴォロフ～グルーデク・ヤゲロンスキー間

65：製造番号0200-0のT-35戦車の別カット。機銃塔の球形機銃架には増加装甲が施されていることがわかる。（ASKM）

66, 67：写真63〜65と同じ戦車の1か月後の姿。前方砲塔の45mm砲はすでにない。(ASKM)

67

68

68：製造番号220-25のT-35戦車は、1941年6月30日のヴェルバ村での戦闘で破壊された。（ASKM）

の森から出撃した時点までに17両のT-35が落伍……

　6月26日、さらに10両のT-35が落伍……

　6月27日現在、すべてのT-35が落伍」。

　第8機械化軍団第34戦車師団は、独ソ開戦当初に失われた戦闘車両、輸送車両の廃車記録が残っている数少ない部隊の1つである。これらの文書のおかげで、第34戦車師団隷下のT-35戦車1両1両について戦闘の足跡を辿ることが可能なのだ。

　第68戦車連隊のT-35戦車の運命は、1941年7月18日にニェージンで作成され、連隊長のドルギレフ大尉と連隊政治委員のゴルバーチ大隊コミッサールによって承認された廃車記録調書から知ることができる（原文のまま引用）：

「1941年7月18日、第68戦車連隊に関する命令に基づき、Yu・B・レフコーヴィチ一等軍事技手を委員長、V・P・ルイセンコ大尉、I・A・ブシコフ二等軍事技手、V・N・フロロフ二等軍事技手、チュチュニク政治委員を委員とする委員会は、第68戦車連隊の兵器損失に関する本調書を作成。

調書は調査と乗員からの口頭聴取に基づき作成。

聴取と調査において以下の点が判明:

1. 番号0200-4、196-94、148-50のT-35戦車は、中規模修理の途中でサドーヴァ・ヴィーシニャに遺棄された。武装と光学装置は車両から取り外された。戦闘部隊担当の副連隊長、ショーリン少佐の命令により、41年6月24日の部隊撤退時に本車は爆破された。
2. 番号220-29、217-35のT-35戦車はサドーヴァ・ヴィーシニャの沼で擱座。武装と光学装置は取り外された。本車は部隊撤退時に遺棄された。
3. 番号0200-8のT-35戦車はサドーヴァ・ヴィーシニャ地区でクランクシャフトが破損し、6月23日に本車は乗員により遺棄された。武装と光学装置は車両から取り外された。
4. 番号220-27、537-80のT-35戦車はグルーデク・ヤゲレンスキー地区で事故を起こす(終減速機とギアボックスの破損)。41年6月24日、本車は現場に遺棄された。機銃と弾薬は車両から取り外して埋められた。
5. 番号988-17、183-16(この番号は間違っており、恐らくは0183-5または0196-7であろう:著者注)のT-35戦車は、大規模修理を控えたまま、6月29日にリヴォフ地区に遺棄された。車両は自走できなかった。武装と光学装置は車両から取り外され、師団の輸送車に引き渡された。
6. 番号288-11の戦車は6月29日、リヴォフ地区で橋から転落、転倒し、乗員とともに全焼した。
7. 番号0200-9、339-30、744-61の戦車は事故を起こした(トランスミッションと終減速機が破損)。車両は6月30日、部隊撤退時に遺棄された。番号0200-9の戦車は敵に撃破されて全焼した。光学装置と武装は3両すべての車両から取り外して埋められた。
8. 番号339-48のT-35戦車は6月30日の撤退時にベロ・カーメンカ地区で撃破されて全焼した。
9. 番号183-8のT-35戦車は(番号が間違っているのは明らかで、正しくは0183-3:著者注)、エンジンが故障した。6月30日にベロ・カーメンカで乗員が遺棄した。武装と弾薬は車両から取り外して埋められた。
10. 番号148-39のT-35戦車は、6月30日にヴェルバ地区で敵に撃破されて全焼した。
11. 番号148-25のT-35戦車は終減速機が故障した。乗員はザピーチ村に遺棄。光学装置と武装は6月29日に乗員が取り外して埋めた。

12. 番号288-74のT-35戦車はメインクラッチとサイドクラッチが故障。7月2日の部隊撤退時にタルノーポリ付近で乗員が火を放った。
13. 番号196-96のT-35戦車は終減速機が破損。7月2日に乗員がタルノーポリ付近に遺棄。武装は車両から取り外されないま

1941年6月の第34戦車師団所属 T-35戦車配置状況 （カッコ内は製造番号）

1～3: スドーヴァ・ヴィーシニャでの第68戦車連隊の保有車両（No. 0200-4、196-94、148-50）
4～9: ゴロドークでの第68戦車連隊の保有車両（No.744-64、196-95、339-75）と故障で遺棄された車両（No.744-62、他２両）
10: スホーヴリ村にあった車両
11: リヴォフ市にあった車両（No.715-62）
12: ジダーチチ村（現ガマリエフカ村）地区にあった車両
13: ジダーチチ村とマールィエ・ポドレスキ村の間の橋から転落した車両（No.288-11）
14: ザプイトフにあった車両（No.234-42）
15: ノーヴイ・ヤルィチェフ村地区にあった車両
16: バニューニン村にあった車両
17: オジードフ村にあった車両（No.744-67）
18: オジードフ～オレースコ地区にあった車両（No.537-70）
19: ベールイ・カーメニ村にあった車両（No.183-3：製造番号要確認）
20～23: ヴェルバ～プチーチエ地区にあった車両（No.220-25、148-39、0200-0、988-16）
24: ゾロチェフ～サーソフ地区にあった車両（No.200-5）
25: ゾロチェフ市内の車両（No.988-15）
26: サーソフ～コルトフ間の道路上の車両
27: ブルーゴフ村にあった車両（No.744-63）
28: テルノーポリ近郊にいた車両（No.196-96：製造番号要確認）
29: テルノーポリ州イヴァンコフツィ村地区にあった車両（No.234-35）：配置地点要確認
30: ロプシノエ村地区にあった車両（No.744-66）

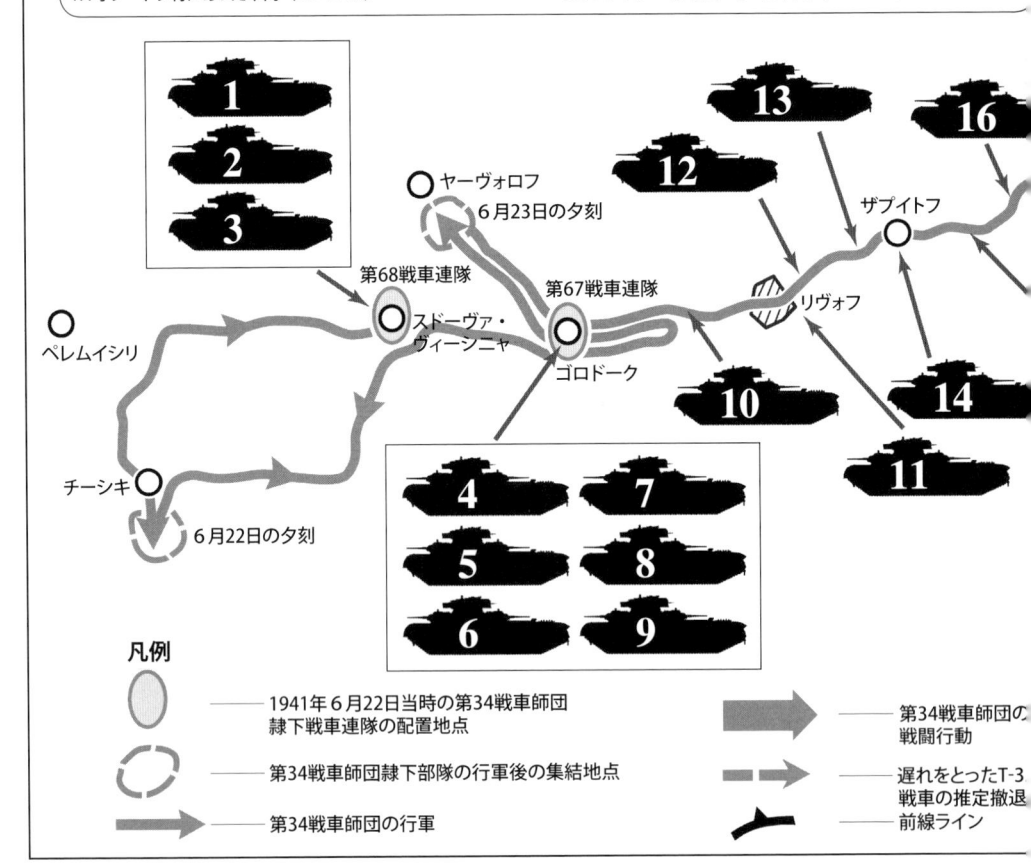

凡例
○ — 1941年6月22日当時の第34戦車師団隷下戦車連隊の配置地点
⊙ — 第34戦車師団隷下部隊の行軍後の集結地点
→ — 第34戦車師団の行軍
⇒ — 第34戦車師団の戦闘行動
⇢ — 遅れをとったT-3戦車の推定撤退
〜 — 前線ライン

まであった。

14. 番号148-26のT-35戦車は（番号が明らかに間違っており、正しくは148-22：著者注）、ギアボックスが破損。7月1日、ソーソヴォ村にたどり着く前に森の中に遺棄された。光学装置と砲の発射機構は埋められ、機銃は取り外された。

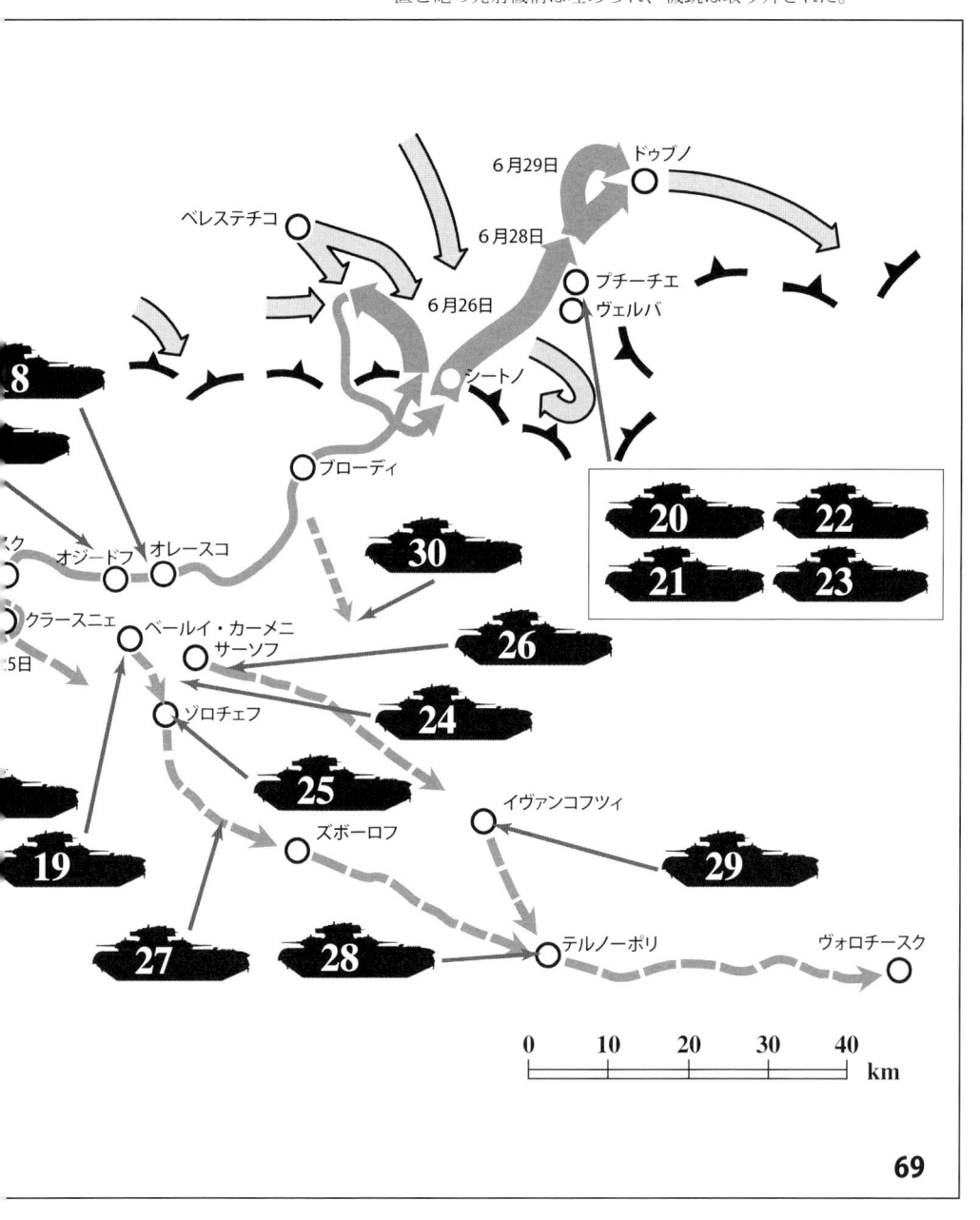

70、71：製造番号744-62のこのT-35戦車は、リヴォフ州ゴロドーク市内の路上に遺棄されていた。1941年7月。この戦車には片側に二段階に開く操縦手ハッチと、主砲塔背面に機銃架がある。(ASKM)

15. 番号288-14のT-35戦車は6月28日、ザピーチ村地区で乗員ともども行方不明となった。

16. 番号220-25のT-35戦車は、6月30日のプチーチ地区での攻撃の際に撃破されて全焼した。

17. 番号744-63のT-35戦車はエンジン内部のピストンが動かなくなった。7月1日、戦車はズローチェフからタルノーポリに向かう路上に遺棄され、発射装置と機銃は車両から取り外され、師団の輸送車に引き渡された。

18. 番号988-15のT-35戦車はギアボックスがつまって動かなくなり、第1速ギアおよびバックギアの歯車が破損。車両は7月1日、ズローチェフに遺棄された。武装と光学装置は車両から取り外され、ズローチェフ市の部隊倉庫に引き渡された。

19. 番号715-61のT-35戦車は、ギアボックスと換気装置の起動部が破損。6月29日、乗員がリヴォフから15kmの地点で遺棄した。砲の閉鎖機と弾薬、光学装置は車両から取り外して埋められた。

20. 番号234-34のT-35戦車はメインクラッチが焦げて、タルノーポリ郊外の河を渡河する際に擱座した。7月4日、乗員が遺棄。機銃は取り外され、輸送車に引き渡された。

21. 番号988-16のT-35戦車は6月30日、プチーチェ村での戦闘で撃破され、全焼した。

戦記

バルジの戦い（下巻）
雪原の悪夢、と呼ばれたドイツ軍最後の大反撃「アルデンヌの森の戦い」の全貌が明らかに！
●二八六頁　●一七〇〇円

ストーミング・イーグルス
空挺部隊がアルデンヌの森で米軍ついに反撃へ。バルジの戦いの終焉を描く。
●二〇四頁　●一七〇〇円

雪中の奇跡（新装版）
1944年、ロシア軍による猛烈な攻撃を挫折させたフィンランド軍の知られざる勇戦。
●二四〇頁　●二三〇〇円

流血の夏
第二次大戦初期にドイツ軍の破竹の進撃を支えた陸軍の戦いぶりを描く。
●一三〇頁　●二四〇〇円

鉄十字の騎士
二次大戦・東部戦線でソ連軍と戦ったドイツ騎士十字章叙勲者達の記録。
●二二四頁　●二三〇〇円

第二次大戦駆逐艦総覧
初めて明らかにされる全世界の駆逐艦を一堂に集めた本。
●二四〇頁　●二四〇〇円

Uボート総覧
設計・戦歴から活動状況までを網羅したUボート開発・活動の記録。
●一五六頁　●二四〇〇円

ナチスドイツの映像戦略
ビデオ・ラジオ・ニュース等を駆使した戦争の映像戦略の全貌を浮かび上がらせる。
●二四〇頁　●二三〇〇円

戦車

ティーガーの騎士
第二次大戦ドイツ戦車エースたちの戦歴と戦いぶりに数々の写真を追加し、ヴィットマンの全貌を伝える戦記。
●二一六頁　●一八〇〇円

ジャーマン・タンクス
データ、写真、イラストが満載。ドイツ戦車の全てを網羅。
●二三〇頁　●一八〇〇円

アハトゥンク・パンツァーNo.2 III号戦車
IV号戦車名車ディテール・実車写真を多数収録、精密イラスト多数。
●一三〇〇円

アハトゥンク・パンツァーNo.3 IV号戦車
IV号戦車のディテール、多数写真を収録、ディテール写真集。
●一三〇〇円

アハトゥンク・パンツァーNo.4 3訂版
パンター・ヤークトパンター・ブルムベア
パンター系列の詳細イラストで新たに発見の資料を一冊に網羅
●一三〇〇円

アハトゥンク・パンツァーNo.5
III号突撃砲・33式突撃歩兵砲
砲撃戦車・突撃砲シリーズ。
●一五〇〇円

アハトゥンク・パンツァーNo.6 ティーガー戦車編
「アハトゥンク・パンツァー」ティーガー戦車研究の集大成。
●三九〇〇円

アハトゥンク・パンツァーNo.7 ティーガー戦車・派生型編
大戦初期から降伏まで製作された自走砲を網羅。
●二七〇〇円

I号戦車・II号戦車
I号、II号戦車の全てを収録。
●一八〇〇円

モデルズ・イン・アクション　ノルマンディ
ドイツ第3号列車を描いた、大判ダイオラマ写真集。
●三八〇〇円

航空

烈風が吹くとき／大西画報
帝国海軍戦闘機・雷電の戦いと、そこで使われた機体の写真秘話。
●二四〇〇円

第5空母航空団CVW5
CVW5の歴史、「インデペンデンス」の艦載機群、米空母の最新鋭。
●一八〇〇円

メイディ！747
ハイジャッカーが仕掛けた性能プラスチック爆弾を排除・航空アドベンチャー小説。
●一二三〇円

ドイツのロケット彗星
ロケット彗星の全てをイラスト、写真で収録。
●二八五〇円

アドルフ・ガラント
ドイツ空軍のエース中のエース、メッサーシュミットBf109の開発から戦歴まで。
●二四〇〇円

栄光の荒鷲たち
現在も飛行可能な第二次大戦中のメッサーシュミットBf109の実機紹介と詳細。
●二八〇〇円

メッサーシュミットBf109E
取材、ディテール、図面、詳細・解説。
●二四〇〇円

メッサーシュミットBf109G
豊富な写真、イラスト。
●二四〇〇円

フォッケウルフFw190A/F
世界各地に現存するAおよびFシリーズを取材、詳細写真と精密スケッチ。
●一七〇〇円

フォッケウルフFw190D
WWII末期に現れたドイツ最優秀機、D型の写真集。
●一八〇〇円

スピットファイアMK I～V
各国に残るスピットファイアを取材し、ディテール写真と精密図面、戦史。
●一八〇〇円

ユンカースJu87D/G
バトル・オブ・ブリテンの主役、Ju87D／G型を徹底紹介。
●一八〇〇円

ホーカー・ハリケーン
英国空軍第2の傑作戦闘機、バトル・オブ・ブリテンを戦い抜いた傑作機。
●一八〇〇円

ノースアメリカンP51マスタング
米陸軍航空隊の代表的戦闘機マスタングの全てをディテール写真集で。
●一八〇〇円

アラドAr234
世界初のジェット戦略爆撃機、アラドAr234。
●一八〇〇円

ハインケルHe111
ハインケルHe111を徹底紹介、ディテール写真集。
●一八〇〇円

ボーイングB-17Gフライング・フォートレス
シリーズ初のベストセラー、今までにない決定版。
●二四〇〇円

表示価格に消費税が加わります。

関連書籍のご案内
◎好評発売

独ソ戦車戦シリーズ17
ベルリン大攻防戦
- ◎マキシム・コロミーエツ【著】
- ◎小松徳仁【訳】
- ◎好評発売中・2,900円

　欧州大戦の終焉。ドイツ軍は建物を要塞化、幾重もの塹壕で結び地雷原と障害物、埋設戦車で厳重に防備した。ベルリンへ突入したソ連第3親衛戦車軍の戦いを描く。

独ソ戦車戦シリーズ16
冬戦争の戦車戦
- ◎マキシム・コロミーエツ【著】
- ◎小松徳仁【訳】
- ◎好評発売中・3,000円

　当時「雪中の奇跡」と言われたこの冬戦争で戦ったソ連戦車隊の戦術、損害等をソ連軍側の公式記録から抽出、フィンランド側研究者の資料と照合、正確かつ公平に記録した戦闘記録である。

お探しの書籍が書店にない場合

　大日本絵画のビデオ、書籍等がお近くの書店の店頭に見あたらない場合は、書店に直接ご注くください。この場合、送料なしでお取り寄せいただけます。

　小社への通販をご利用の場合は、表示価格に消費税を加え、送料を添えて現金書留か、普通替で下記までご注文ください。送料は一回のご注文で1～3冊までが240円、4冊以上ご注文くさった場合には小社で送料を負担いたします。

　また書籍のご注文には下記のインターネット書店もご利用いただけます。

◎通販のご注文

㈱大日本絵画　通販係
〒101-0054　東京都千代田区神田錦町1-7
tel. 03-3294-7861[代表]
fax.03-3294-7865
http://www.kaiga.co.jp

◎インターネット書店

■インターネット書店「専門書の杜」
http://www.senmonsho.ne.jp
■インターネット書店「Amazon.co.jp」
http://www.amazon.co.jp
「大日本絵画」でサーチしてください。

内容に関するお問い合わせ先：03(6820)7000　㈱ アートボックス
販売に関するお問い合わせ先：03(3294)7861　㈱ 大日本絵画

22. 番号715-62のT-35戦車は換気装置の起動部が破損し、モーター内の一部が焼失した。砲の発射装置は埋められ、機銃は取り外された。戦車は6月29日に乗員がリヴォフに遺棄した。
23. 番号339-68のT-35戦車は（番号は間違っており、おそらくは339-78：著者注）、サイドクラッチの故障、シリンダージャケットの漏出。6月30日にブローディ近郊で砲弾で撃破されて全焼。
24. 番号0200-0のT-35戦車は6月30日、プチーチエ村での攻撃時の戦闘で全焼した。……（この文書の中では以降の第25項から第205項まで、第68戦車連隊の他の戦闘車両と輸送車両に関する類似のデータが記載されているが、本書では割愛する：著者注）

委員会の結論

多数の車両が路上に遺棄された理由は以下の通り：
1. 乗員が技術的なチェックをする時間を与えられぬまま、長時間不断の行軍が行なわれた。
2. 車両の一部は航続距離が短く、機械部分の消耗につながった。
3. 路上での修理復旧用の予備部品が供給されておらず、修理部隊が組織されていなかった。
4. 故障車も撃破された車両も回収作業が組織されておらず、故障車集積所も標識がなかった。回収手段も不足。
5. 車両の路上遺棄については何組かの乗員らから理由を質す必要

72, 73：写真70、71と同じ製造番号744-62のT-35戦車。写真72は1941年7月撮影。1941年9月に撮影された写真73では、車両は道路の脇に移動され、すでに履帯も外されている。(ASKM)

73

74、75：このT-35戦車はゴロドーク市内のリヴォフ通りに遺棄されていた。奥にみえる建物は現存しており、戦前はそこに赤軍指揮官たちの家族が住んでいた。（ASKM）

がある。なぜならば、理由もなしに車両が路上に遺棄されたケースが２件あり、調査が進められているからだ。

委員会

1. 大尉／ルイセンコ
2. 政治委員／チュチュニク
3. 二等軍事技手／ブシコフ
4. 二等軍事技手／フロロフ」。

　第34戦車師団第68戦車連隊の所属車両については全体記録文書だけでなく、個々の戦車に関する調書も残っており、そのおかげでいくつかのT-35戦車の車長たちの姓も知ることができる。これらの文書はA5サイズほどの紙に手書きされたもので、次のような感じである：
「本調書の記すところは、車種T-35の18317号車は41年６月29日、損傷を負う：ギアボックスの歯車が破損、クラッチディスク移動制御器欠落その後の走行は不可能となった。
車両はリヴォフ地区（20km東方）に完全に使用不能な状態で遺棄された。

中隊長／シャーピン上級中尉
車長／ペトロフ
生存乗員／トゥイリン」。

　おそらく、同様な文書に基づいて戦闘車両と輸送車両の廃車に関する全体記録文書が作成され、1941年７月18日にニェージンで第68戦車連隊長、スキーヂン大尉が承認のサインをしたものと思われる：
「41年７月19日付の第34戦車師団長の命令に基づき（このように文書にある：著者注）、ズイコフ二等軍事技師を委員長とし、コノネンコ一等軍事技手並びにウマネツ二等軍事技手を委員とする本委員会は、第67戦車連隊の車両損失の原因を特定する調査を実施。部隊の指揮官、政治委員、技術要員、操縦手たちの尋問において以下の点が判明：
1. 番号23865のT-35は（番号は間違いで、おそらくは228-65：著者注）、６月30日にブースク～クラースニェ間の道路でギアボックスの故障が発生。使用不能となり、武装が取り外された。ソクラコフ中隊長が証言。
2. 番号23435のT-35はイヴァンコフツィ村地区の川で履帯を上にして仰向けに転落し、使用不能となる。41年６月30日、オグ

76：製造番号196-94のT-35戦車は、コロドーク市内の第34戦車師団駐屯地に遺棄され（車両は修理中だった）、後にドイツ軍の手で爆破された。（フンデスアルヒーフ、以下BAと略記）

77：この戦車はリヴォフ-ブーシク間の道路上で遺棄されていた。当初は路上にあったが、その後路肩に移された。1941年の秋に撮影。本車は1936年製で、初期型の排気音消装置を有し、主砲塔には二つのハッチがある。(BA)

ニョフ車長が証言。

3. 番号74465のT-35は41年7月9日、テルノーポリ～ヴォロチースク間の路上でギアボックスの故障が発生し、使用不能となり、武装が取り外された。シャーリン中隊長が証言。
4. 番号18317のT-35は（番号は間違いで、おそらくは0183-7：著者注）、41年6月29日にリヴォフ地区でギアボックスの故障が発生。使用不能となる。シャーリン中隊長が証言。
5. 番号1836のT-35は（番号は間違いで、おそらくは0183-5または0197-6：著者注）、41年7月9日にヴォロチースク市地区でメインクラッチとブレーキバンドが焼け焦げた。使用不能となる。武装は取り外された。ソクラコフ中隊長が証言。
6. 番号28843のT-35は41年6月26日、ゴロドーク地区でメインクラッチの故障が発生し、使用不能となり、武装が取り外された。
7. 番号2005のT-35は41年7月3日、ズローチェフ地区でメインクラッチの故障が発生し、使用不能となり、武装が取り外された。シャーピン中隊長が証言。
8. 番号23442のT-35は41年7月3日、ザプイトフ市で事故が発生し、シリンダーが破裂し、メインクラッチが焼け焦げた。使用不能となり、武装が取り外された。ソクラコフ中隊長が証言。
9. 番号53770のT-35は41年6月30日、オジーデフ～オレースノ地区でギアボックスの故障が発生し、左ブレーキバンドのシューが飛び外れた。使用不能となり、武装が取り外された。ソクラコフ中隊長が証言。
10. 番号74462のT-35はゴロドーク地区で損傷を負い、ブレーキバンド枠が外れ、サイドクラッチが焼け焦げた。砲弾はすべて撃ち尽くされ、車両は使用不能となり、武装は取り外された。タラネンコ車長が証言。
11. 番号74467のT-35は、41年7月2日に事故が発生：オジーデフ地区でエンジンのクランクシャフトが破損。使用不能となり、武装が取り外された。シャーピン中隊長とドロシェンコ車長が証言。
12. 番号74466のT-35は41年7月9日、ブロージノ村地区でメインクラッチとサイドクラッチが焼け焦げた。使用不能となり、武装は取り外された。シャーピン中隊長が証言。
13. 番号74464、19695、33075（番号は間違いで、おそらくは339-75：著者注）のT-35はゴロドーク市で中規模修理の途中であった。使用不能となり、武装が取り外された。シャーピン中隊長とタラネンコ車長が証言。
14. 番号1967のT-35は（番号は間違いで、おそらくは0197-6：

78：写真77と同一車両。(BA)

著者注)、41年7月9日にゼルズーエフ地区でメインクラッチが焼け焦げ、蓄電池が切れた。車両は焼かれ、武装は取り外された。サクラコフ中隊長とタラネンコ中隊長が証言。

15. 番号1431のT-35は（番号は間違いで、おそらくは197-1：著者注)、41年6月25日にシリンダーが破裂し、メインクラッチが焼け焦げた。車両は使用不能となり、武装は取り外された。サクラコフ中隊長が証言。……

（以降、第16項から第63項まで本連隊のその他の戦闘車両、輸送車両について記されているが、本書では取り上げない：著者注）

委員長／ズイコフ二等軍事技師
委員／
コノネンコ一等軍事技手
ウマネツ二等軍事技手」。

79

79、80：写真77、78と同一車両。(BA)

80

81、82：橋のところでひっくり返っていた製造番号234-35のT-35戦車。イヴァンコフツィ村地区、1941年7月。写真81では戦車の車底がよく見える。（ASKM）

　　上記の名前の他、別の文書には次のT-35戦車の車長たちにも触れられている：28843号車のイワノフ車長、18317号車のペトロフ車長、23442号車のヤコヴレフ車長。

　　7月に第34戦車師団が休息を取るためカザーチナ地区に外されたとき、隷下連隊の技術要員が毎日作成した兵器の損害に関する集計データもいくつか残っている。そこには車両の製造番号は記載されていないが、いくつかの場所を特定することができる。例えば、記録文書の中で「ゼルズーエフ」や「ゼルドゥーネ」と出てくる不明な地名は、集計資料の中では日付の違いはあってもゼジーロフまたはラジヴィーロフに相当するようだ。サドーヴァ・ヴィーシニャの冬営に遺棄された車両として、第68戦車連隊の6両が記載され、そのうち3両は修理中に遺棄され、残る3両は河の中に擱座したとされるが、これは概ね第68戦車連隊のサドーヴァ・ヴィーシニャの沼で擱座した戦車の損失に関する調書のデータと符合する（沼とは河の泥土状の冠水地のことを言っているのは明らかだ）。

　　ハリコフで修理中だった車両に関しては、次の文書を発見することができた。1941年8月3日、第183工場にいた赤軍機甲総局第

82

83：製造番号148-39は、1941年6月30日のヴェルバ村での戦闘で撃破された。どうやらこの車両は弾薬が炸裂したようだ（ASKM）

84：このT-35戦車はリヴォフ州のサーソフ〜ゾローエフ間の街道を撤退する際に遺棄された。（ASKM）

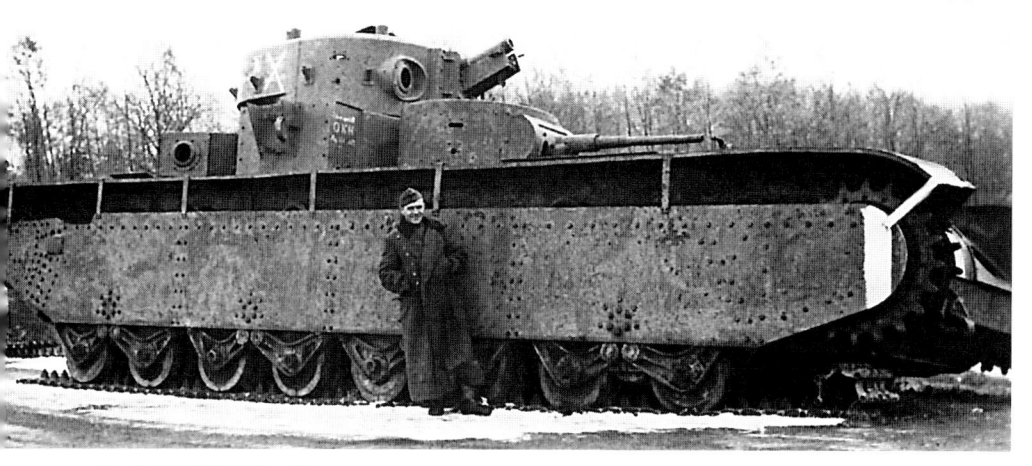

85：このT-35戦車はリヴォフ州カーメンカ・ブーク地区のノーヴイ・ヤルィチェフ村付近に遺棄されていた。この車両の製造番号は288-14または339-80の可能性がある。ドイツ兵がこの戦車を背景にして記念写真を撮っている。1941年10月。本車は1938年製で、小砲塔には増加装甲を施した球形マウントがある。（ASKM）

一課課長のパノフ中佐は機甲局長のコロプコフ一等軍事技師に次の書簡を送っている。
「第183工場には、修理のため随時工場に到着したT-35戦車が5両ある。この工場は労働力を割いて、工作機械の一部を充ててこれらの車両用の部品を仕上げ、修理を部分的に行なっている。
5両のうち：
番号148-30と537-90、220-28の戦車は小さな修理の後で走行可能となる。番号0197-2の戦車は完全に分解されている。
工場に不必要な作業の負荷を掛けないようにするため、またそうすることによって一方でT-34戦車やKV戦車の修理を強化し、他方ではそれらが敵の空襲の際に破壊されることを避けるため、上記の戦車に対して大々的な修理はせずに、戦車が100kmまで自走できる程度の細かな修理に留め、制式の兵器を搭載し、至急工場から発送するよう、そしてこれらの戦車をレニングラード市またはモスクワ市の防衛上重要な戦区において常設トーチカとして使用すべく、貴殿の指令を出していただくよう要請する」。
　この文書には2件の決定が載っている。「コロプコフ同志へ　パノフ同志の結論は正しいと判断する。列記された戦車は防衛戦のために使用しなければならない。41年8月7日　アルイモフ大佐」。「チルコフ同志へ　アルイモフ同志はフェドレンコ同志の署名を受領する指令書の準備を命じた。41年08月11日　アフォーニン」。
　フェドレンコ赤軍機甲総局長のサインを求める電報は1941年8月21日に第183工場の地区技師（軍の納入兵器審査機関に勤務し、担当地区内の企業の活動を管轄する技師）の所に届いた。そこにはこう書いてあった：

86：遺棄されたT-35戦車に上ったドイツ兵。1941年7月。本車はおそらく1938年製であろう。小砲塔に増加装甲球形マウントがあり、円錐形砲塔搭載型BT-7快速戦車と同じタイプの楕円形操縦手ハッチがあるからだ。

87〜89：製造番号744-63のこのT-35は、1941年7月1日に故障でシロキチューデルパーボリ間の街道上のブルーゴフ村地区に遺棄された。円錐形砲塔搭載車両である。この車両は砲塔基部

(ASKM)

郵便はがき

101-0054

おそれいりますが切手をお貼りください

東京都千代田区神田錦町
1丁目7番地　㈱大日本絵画
読者サービス係 行

アンケートにご協力ください

フリガナ				年齢
お名前				（男・女）

〒
ご住所

　　　　　　　　　　　TEL　　　（　　）
　　　　　　　　　　　FAX　　　（　　）

e-mailアドレス

ご職業	1 学生	2 会社員	3 公務員	4 自営業
	5 自由業	6 主婦	7 無職	8 その他

愛読雑誌

このはがきを愛読者名簿に登録された読者様には新刊案内等お役にたつご案内を差し上げることがあります。愛読者名簿に登録してよろしいでしょうか。

　　　　　　　□はい　　　　　□いいえ

独ソ戦車戦シリーズ⑱
ソ農赤軍の多砲塔戦車
-35、SMK、T-100

9784499230957

「労農赤軍の多砲塔戦車」アンケート

お買い上げいただき、ありがとうございました。今後の編集資料にさせていただきますので、下記の設問にお答えいただければ幸いです。ご協力をお願いいたします。なお、ご記入いただいたデータは編集の資料以外には使用いたしません。

①この本をお買い求めになったのはいつ頃ですか？
　　　年　　　月　　　日頃(通学・通勤の途中・お昼休み・休日) に

②この本をお求めになった書店は？
　　　　　　　(市・町・区)　　　　　　　　　　書店

③購入方法は？
1 書店にて(平積・棚差し)　　2 書店で注文　　　3 直接(通信販売)
注文でお買い上げのお客様へ　入手までの日数(　　　日)

④この本をお知りになったきっかけは？
1 書店店頭で　　2 新聞雑誌広告で(新聞雑誌名　　　　　　　　　)
3 モデルグラフィックスを見て　　4 アーマーモデリングを見て
5 スケール アヴィエーションを見て
6 記事・書評で(　　　　　　　　　　　　　　　　　　　　　)
7 その他(　　　　　　　　　　　　　　　　　　　　　　　　)

⑤この本をお求めになった動機は？
1 テーマに興味があったので　　2 タイトルにひかれて
3 装丁にひかれて　　4 著者にひかれて　　　5 帯にひかれて
6 内容紹介にひかれて　　　　　7 広告・書評にひかれて
8 その他(　　　　　　　　　　　　　　　　　　　　　　　　)

この本をお読みになった感想や著者・訳者へのご意見をどうぞ！

●このご意見をWebサイトなどにお名前のイニシャルなどの匿名で掲載してもよろしいですか
　　　　　□ Yes　　　　　□ No

ご協力ありがとうございました。抽選で図書カードを毎月20名様に贈呈いたします
なお、当選者の発表は賞品の発送をもってかえさせていただきます。

87

「第183工場にある番号148-30、537-90、220-28、0197-2の戦車に対しては自走を可能とする小規模な修理を施し、制式の武装を搭載し、速やかに工場から赤軍機甲総局のもとへ発送すること。準備について報告せよ」。

　この文書からは、1941年の夏に修理が完了し、勤務地に送り出されたT-35は1両だったことがわかる。おそらくこの戦車は、ヴォルガ沿岸軍管区隷下部隊の所属車両だったであろう。電報に記された4両の戦車については、修理はついに完了させることができなかった。ドイツ軍がハリコフに迫ってくる中で、これら4両はすべて、いわゆる機甲隊に編入された。機甲隊にはT-35の他にT-26戦車が5両、T-27豆戦車が25両、KhTZ-16装甲トラクター13両、装甲車3両があった。1941年10月のハリコフ攻防戦で4両のT-35はすべて失われた。

　1941年10月に自動車化機械化軍事アカデミーの教習車両をもって戦車連隊1個が編成された。その中には各種戦車とともに、アカデミー所有の2両のT-35も含まれていた。しかし、以降の公文書

88、89：製造番号744-63のT-35。(BA)

データから判断すると、この連隊はついに前線に送り出されないまま、モスクワ郊外の戦闘には参加しなかった。これらの車両がモスクワ市内のコムソモーリスキー大通り地区で撮影された写真が数点残っている。

　もう１つ、T-35の実戦"デビュー"があるが、これは映画の中の話である。それはドキュメンタリー映画『モスクワ防衛戦』のことで、いくつかのシーンはカザン市郊外で撮影された。これらのシーンにカザン技術要員技能向上教習所のT-35戦車が出演したのである。

　1941年の夏、ドイツ軍に鹵獲された１両のT-35戦車がドイツに発送された。この戦車はクンマーズドルフの試験場に届けられ、そこでテストが実施された。このT-35のその後の運命は定かでない。

　現存するT-35重戦車は１両だけである。それはモスクワ市郊外のクビンカ機甲兵器技術軍事博物館に展示されている。

　現代ではT-35戦車について、戦闘にたどり着くこともできないほど信頼性が低く、戦闘で失われたと記録されている車両は５両にすぎない、との見方が通説となっている。
　しかし、そうであったとしても次の２点を忘れてはならないだろ

89

90：製造番号196-95のこのT-35戦車は、独ソ開戦当時修理中で、コロドーク市の第34戦車師団第67重連隊の駐屯地に遺棄されていた。サイドシールドが変形されたのは1938年製であり、砲弾がいくつか命中した痕が認められるが、この不動の巨体を標的にドイツ軍が射撃訓練したものであろう。1941年7月。(BA)

91：コロドーク市の第34戦車師団第67重連隊駐屯地に遺棄されていた、もう1両の修理中だったT-35戦車。1941年7月。これは、1939年

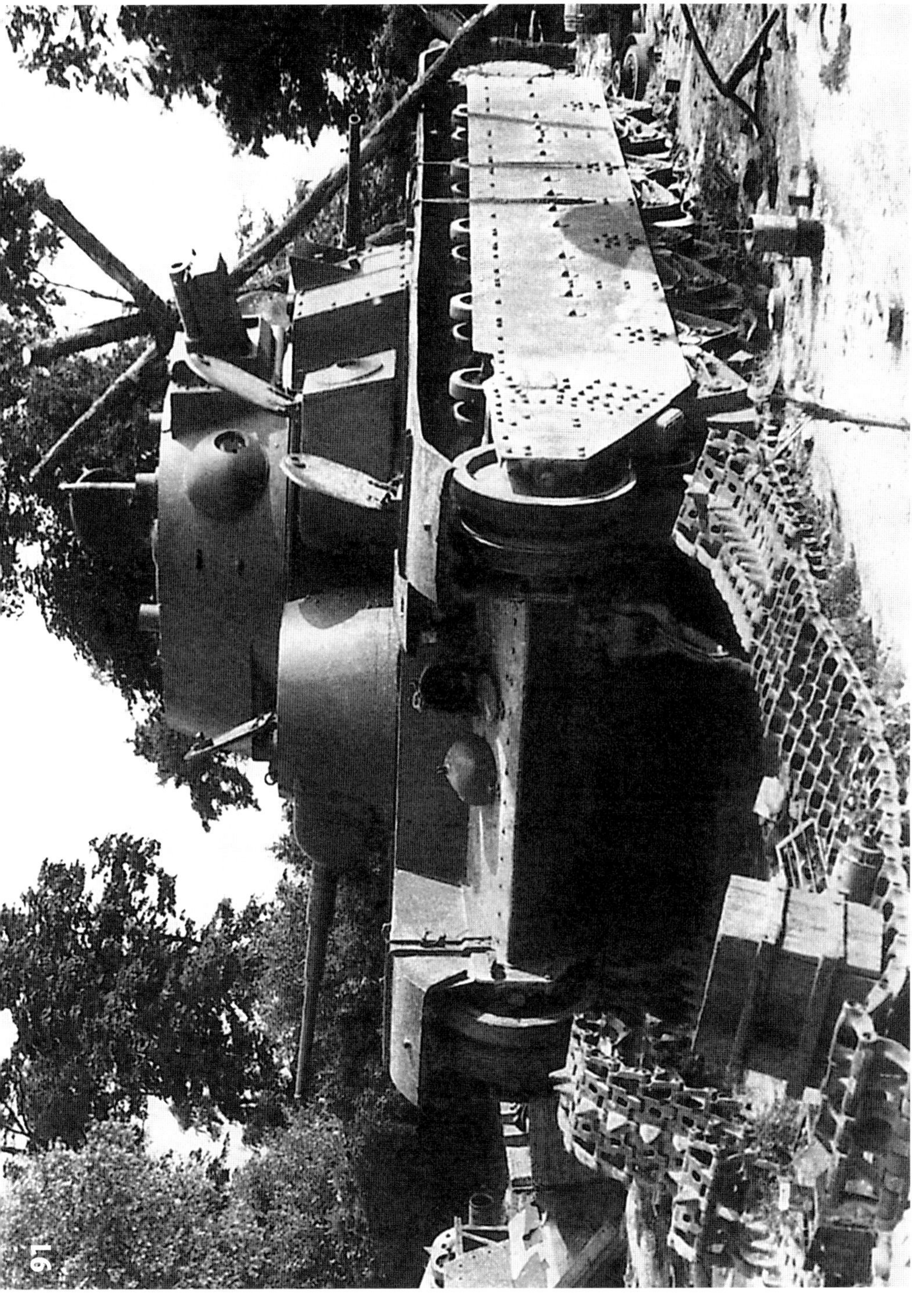

92～96：クンマースドルフ試験場にテストのため運ばれたT-35戦車。1941年秋。この車両には工具類が皆無で、それらの固定具だけがみえる。車体と砲塔にはドイツ軍がそれぞれの装甲厚を明記している。(BA)

93

94

101

う。第一に、行軍中の機械故障で失われた多くの戦車は、そうなる前までは十分に戦闘に参加することができた。今のところ、ヴェルバ近郊の戦闘で失われた4両のほかに、さらに2両の戦車が戦闘で撃破されたことが写真から知られる。そこには、機銃が取り外されておらず、戦闘による損傷、そして火災と爆発の痕跡が写っている。さらにもういくつかの戦車には砲弾の弾痕が見える。

第二に、行軍の距離を考えると、行軍で最も早くに故障で失われ

95

た車両は最低でも数百キロメートルは走っていた。所属軍団とともにヴェルバ近郊で敵に追いついたT-35も、道路を走ってテルノーポリ州まで撤退することができた車両も、およそ500km以上を走破している。まともに車両のメンテナンスを行うことも、また乗員の休息を取る余裕もない過酷な行軍が何日も続いた結果が、この程度の損失だったことにむしろ驚きを覚える。

96

97, 98：機械化自動車化アカデミー戦車連隊のT-35戦車。モスクワ、1941年11月。写真98は、モスクワ市コムソモーリスキー大通り地区のハモヴニキ兵舎の傍で撮影されたもので、手前にはモスクワ市の防衛に到着した水兵が整列している。(ASKM)

96

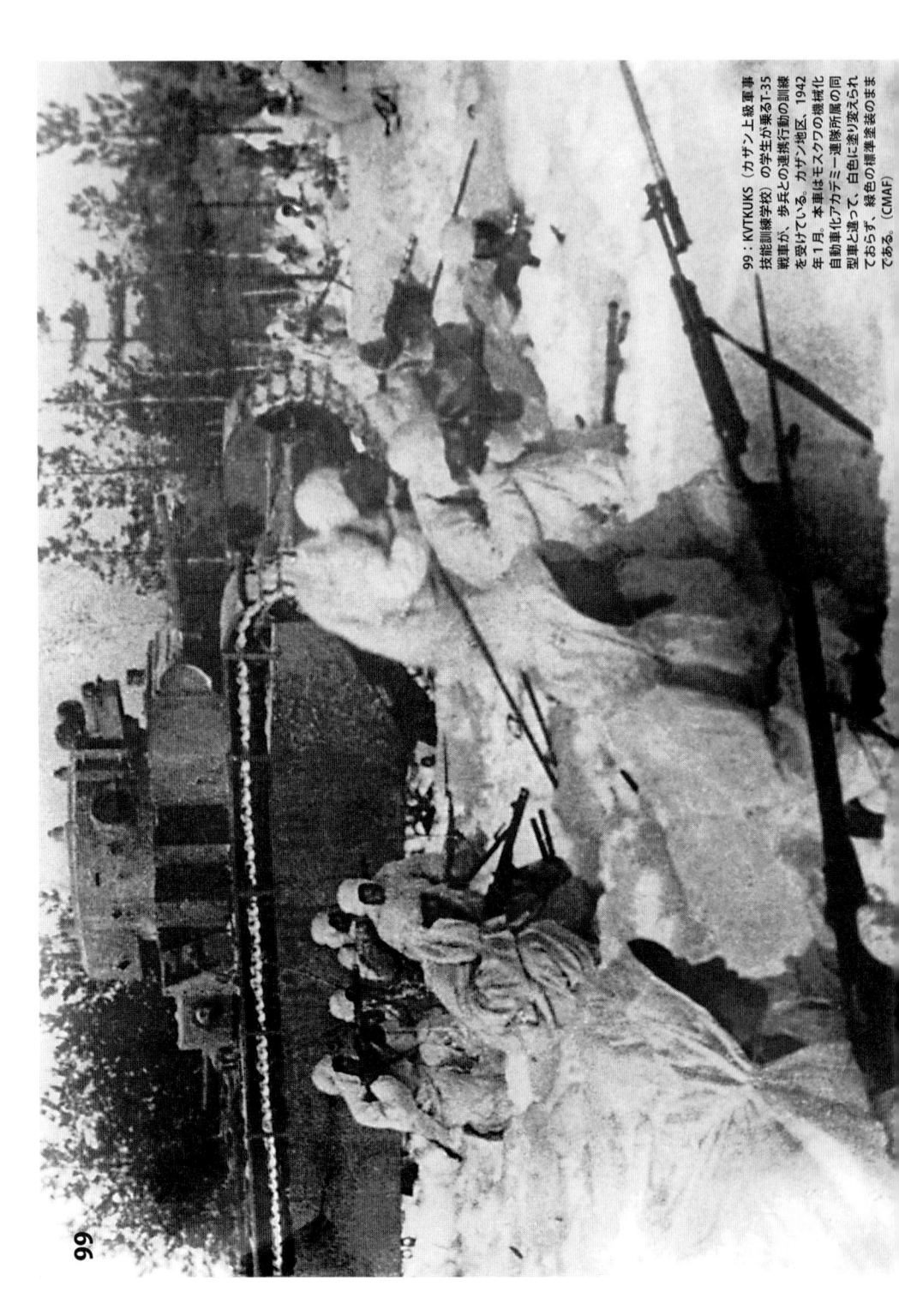

99：KVTKUKS（カザン上級軍事技能訓練学校）の学生が乗るT-35戦車が、歩兵との連携行動の訓練を受けている。カザン地区、1942年1月。本車はモスクワの機械化自動車化アカデミー連隊所属の同型車と違って、白色に塗り変えられておらず、緑色の標準塗装のままである。（CMAF）

戦車はクビンカ機甲兵器技術軍事博物館に展示されている。(V・マリキーノフ氏撮影)

101

101：1941年10月にハリコフ東端に遺棄されていたT-35戦車。この車両は少なくとも1943年の夏まではこの場所に残っていた。(RGAKFD)

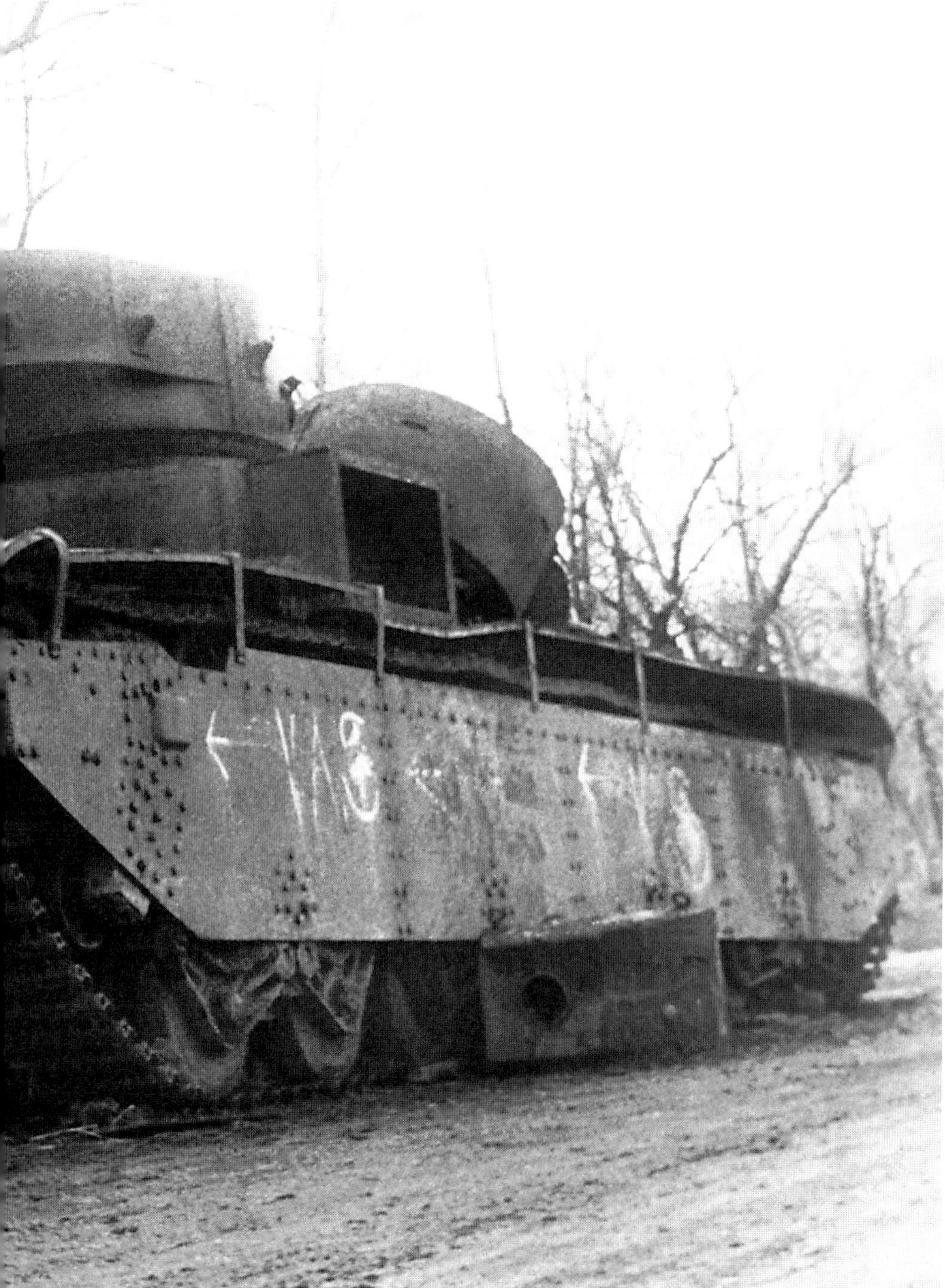

第5章
SMK戦車とT-100戦車
ТАНКИ СМК И Т-100

102

102：試験場でのテストに臨むT-100戦車。1939年8月。大砲塔天井の高射機銃がはっきり見える。(ASKM)

　前に書いたとおり、1938年4月に新型突破重戦車の設計を急ぐために、赤軍機甲局はレニングラードのキーロフ工場とS・M・キーロフ記念第185工場をこの作業に加えた。前者はA・エルモラーエフが主任技師としてSMK-1戦車（SMKはロシア革命指導者の一人、セルゲイ・ミローノヴィチ・キーロフの略）、後者はT-100戦車（主任技師はE・パレイ）を開発した。

　1938年8月まで新型車両の生産に関する契約がないうちは、これら工場は主に略図設計に携わっていた。ようやく本格的な作業が始まったのは、1938年8月7日付のソ連邦人民委員会議国防委員会令第198-ss号が出された後のことである。そこには新型戦車の性能諸元の要求が明確になり、厳格な製造納期（SMKは1939年5月1日まで、T-100は同年6月1日まで）が設定されていた。

　戦闘車両の実物大の木製模型と図面は、赤軍機甲局長補佐官のコ

ロプコフ一等軍事技師を長とする特別模型委員会で、1938年10月の10日（T-100）と11日（SMK）に検討された。

当初提示されていた要求と多少異なる点はあったものの、委員会は「提出された図面と模型にしたがって、それぞれの突破戦車の試作車を2両ずつ製造すること」に「承認」を与えた（例えば、螺旋スプリングを持つT-35型の懸架装置ではなく、SMKにはトーションバーを、またT-100には平板スプリング付きの転輪アームを使用することが提案されていた）。1938年12月9日に全ソ連邦共産党中央委員会政治局で開かれた国防委員会の会議で、SMKとT-100の設計が審議された。I・V・スターリンの指示により、戦車の重量を軽減するために砲塔の数が2基にまで減らされた。そのうえ、キーロフ工場は1両のSMKのかわりに、「SMKと類似の性能を有する」単砲塔突破戦車を製造する許可を得た。この少し後に、単砲塔戦車にはKVというコードが与えられた。

1939年1月にこれら全部の戦車の図面が、生産現場に渡された。キーロフ工場は5月の祝祭にはSMKを"引っ張り出す"ことに成功。T-100の製造は約2ヶ月間引き延ばされた。SMKもT-100も慣らし運転を行ない、こまごました欠陥を取り除いた後、7月25日に試験場でのテストに引き渡された。

1939年9月20日にSMKとT-100とKVは、クビンカ演習場で開催された量産戦車および試作戦車の政府向け披露行事に参加した。この行事にはK・E・ヴォロシーロフ、A・A・ジダーノフ、N・A・ヴォズネセンスキー、A・I・ミコヤン、D・G・パヴロフ、リハチョフ、マルイシェフ、その他の人物たちも出席していた。

1939年11月末時点の総走行距離は、SMKが1700km、T-100が1000km超、KVは約600kmになっていた。しかし、ソ・フィン戦争の勃発（1939年11月30日）にともない、これらの戦車を実戦部隊に送って、前線での運用具合をテストすることが決定された。この際、兵装に多少の変更がなされた：T-100は76mm砲L-10からより強力なL-11に換装され（このために防楯を造り変えねばならなくなった）、KVには45mm砲のかわりにDT機銃が搭載された。

実戦テストは工場のテスト担当者たちによって行なわれ、そのためにモスクワから特別許可を取った。この目的で選抜された労働者たちはレニングラード機甲指揮官能力向上研修所（LBTKUKS）で戦車の操縦、砲撃教習、その他戦闘で必要な訓練を特別に受けることになった。SMK乗員の指揮官にはペーチン上級中尉、副車長にはモギリチェンコ軍曹、砲手兼通信手と照準手には2名の赤軍兵が任命された。このほか、乗員にはキーロフ工場の3名の労働者が加

103：試験場でのテストにおけるT-100戦車。1939年8月。履帯のトラックシューの形状がよく見える。

104：試験場でのテストに臨むT-100戦車。1939年8月。本車にはまだT-76mm砲L-10が搭載されている。(ASKM)

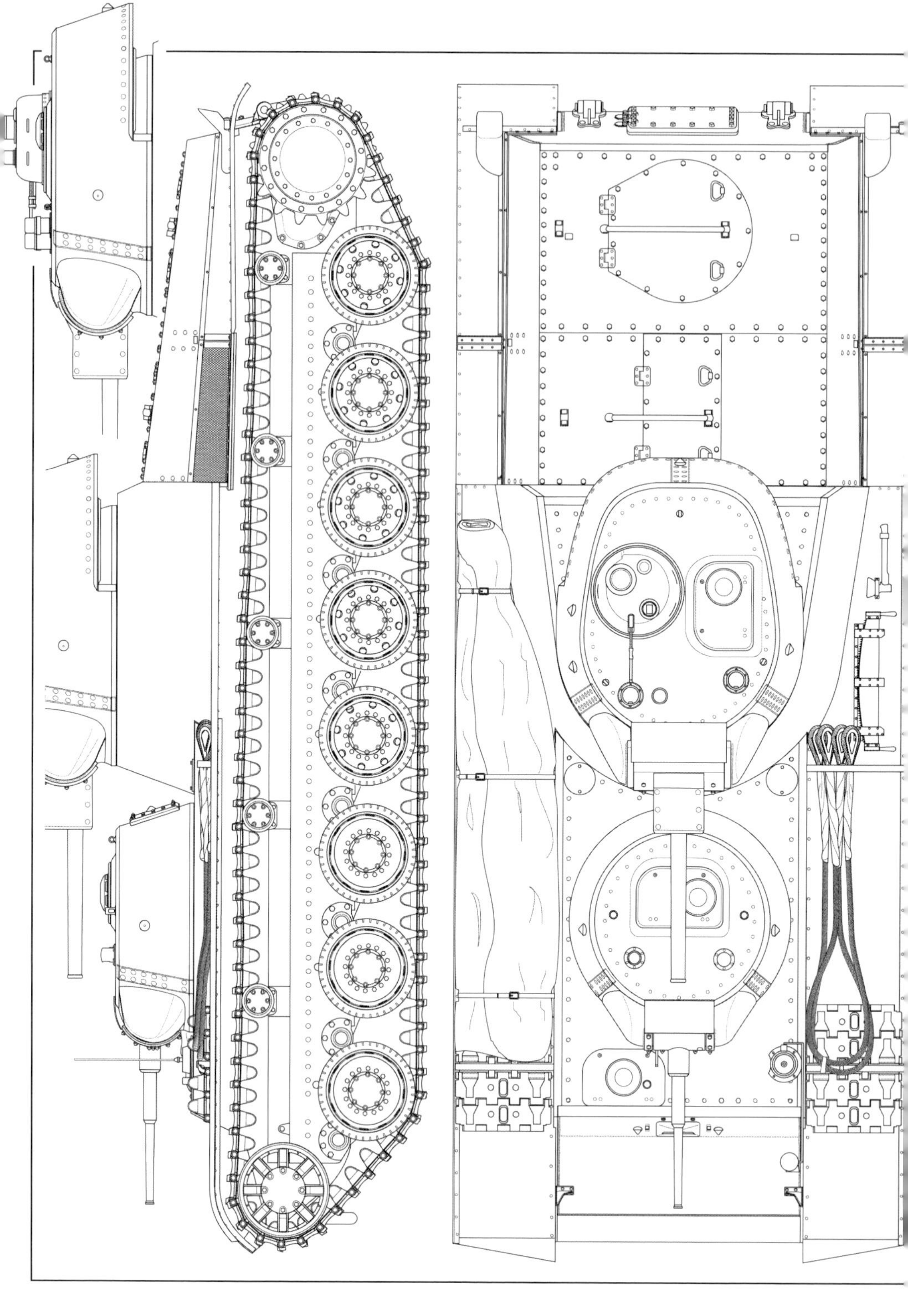

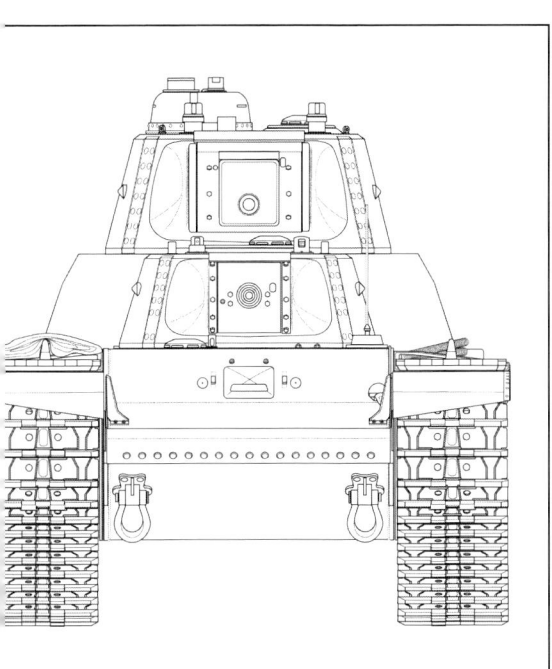

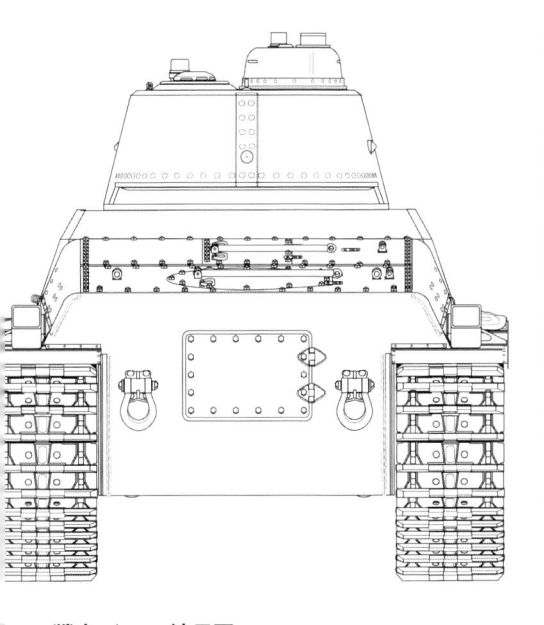

T-100戦車／1:35縮尺図
1939年〜1940年の冬戦争カレリア地峡戦に参加した車両で、76mm砲 L-11を搭載し、補助工具類を取り付けた状態

えられた：V・イグナチエフ（操縦手）、A・クニーツィン（機関手）、A・テテレフ（トランスミッション係）。

T-100の乗員は、第20重戦車旅団の将兵：M・アスターホフ中尉（車長）、アルタモーノフおよびコズロフ（砲手）、スミルノフ（通信手）、それにキーロフ記念第185工場の労働者：A・ブリューヒン（操縦手）、V・ドロッジン（予備操縦手、V・カプラノフ（機関手）で編成された。

SMKとT-100とKVは、コロトゥーシキン大尉の指揮する重戦車中隊を成した。1939年12月10日、この中隊は前線に到着し、第20重戦車旅団第90戦車大隊に付与された。

SMKとT-100の戦闘運用は、『戦闘車両の設計者』（1988年、レニズダート刊）に十分詳細な記述がある。「SMK戦車は戦車縦隊の先頭を進み、この戦闘（12月18日の戦闘：著者注）では長時間、射撃を浴びていた。……キャマリャとヴイボルクへの分岐点で操縦手は箱が山積みになっているのに気がつかず、そこに乗り上げてしまった。轟音が響き、辺りはすっかり褐色の煙で覆われた。戦車は止まった。煙が消えるのを待って、ペーチン上級中尉は戦車から出て、撃破された車両を見て回った。SMKは大きな孔の中に立っていた。地雷か、またはここに埋設されていたフガス爆弾の爆発によって、誘導輪と履帯が損傷を受け、トランスミッションのボルトが外れ落ちていた。電気設備は故障し、車底は湾曲していた。零下40度の酷寒だったが、戦車の周囲の雪は爆発でほぼ完全に溶けていた。……

双砲塔戦車T-100とKVは近づいてきて、隣に停車した。T-100の乗員の中にはキーロフ記念レニングラード試作機械製作工場のテスト担当志願兵たちがおり、その中に

105

105～108：試験場でのテストに臨むSMK戦車。1939年8月。正面写真からはトラックシューの形状や同軸機銃、前照燈、クラクションがはっきり確認できる。大砲塔後背には12.7mm DK機銃がはっきり見える。(ASKM)

107

106

108

E・ロシチンがいた。彼はこの戦闘を回顧してこう語る：『撃破されたSMKに近づきながら、我々の車両は自分たちの装甲でこれを掩護していた。T-100は前方右手に、KVは同じく前方でも少し左寄りに位置して、3両の車両が三角形の装甲城塞を形成した。この隊形で我々は数時間持ちこたえるだけでなく、SMKの破損した履帯をつなぎ合わせて走行できるように試みた。……しかし損傷はあまりに大きく、履帯の他に転輪も被害を受け、重たい車両をその場から動かすことはできなかった』。

　トロポフ中尉の回収隊は、重量25トンのT-28戦車を牽引車として利用して、損傷したSMK戦車を引っ張りだそうと試みた。夜間も敵の銃砲火のもとで作業をしたが、しっかり孔にはまり込んだこの巨体を引き上げることは、ついにできなかった。破損した誘導輪と破断した履帯は、戦車が身動きする自由を完全に奪った。これは中立地帯に遺棄するより仕方なかった」。

　この本ではさらに、ハッチの天蓋についてまるで推理小説のような話が続く（因みに、この話はソ連・ロシアの内外の多くの文献で跳梁している）：「白衛フィンランド軍もこのSMK戦車を牽引し去ろうと試したことは分かっている。しかし、我が砲兵は損傷した車両の周りに濃密な砲の防壁をめぐらし、敵の作業を妨害した。だがそれでもフィンランド軍の偵察隊は戦車にたどり着き、姑息にもハッチの天蓋を取り去ったのだ。このエピソードを語るZh・Ya・コーチンは、白衛フィン兵に盗まれた不幸なハッチ天蓋に関係する興味深い出来事を思い出した。彼の話のあらすじはこうだ。戦車の組み立て作業に装甲を供給していた工場が、車両ハッチの一つの天蓋を納期どおりに送ってこなかった。待っている時間は無かったので、キーロフ工場の才気煥発な熟練工たちは、手元にあった炭素含有量の少ない鋼鉄を使って、不足分の天蓋を自作したのである。即席の天蓋を戦車のハッチに取り付けながら、彼らは本物の装甲天蓋が届いたらすぐに取り換えようと考えていた。この話で最も可笑しいのは、白衛フィン軍がSMK戦車から取り去ったこの即席天蓋が、ドイツの戦車設計者たちの手に渡って、調査されたことである。そして彼らはあまり考えもせずに、ソヴィエトの戦車は全体が、仕上げが不十分な装甲で造られていると、結論づけたのだ」。

　ところが、公文書資料を調べてみると、ここに書かれていることは事実に反するのが分かる。そのうえ、公文書資料の内容からすると、E・ロシチンは当時T-100戦車の乗員であったはずはなく、したがって彼の証言は信用できるものではない。

実際に重戦車中隊は、1939年12月17〜18日のスンマ〜ホッティネン地区における第90戦車大隊の攻撃に参加している。これらの戦闘でKV戦車は砲身が貫通され、車両は修理に送り出された。SMK戦車が爆破されたのは12月19日である。この日、第20戦車旅団第90戦車大隊はフィンランド軍の陣地帯を突破した。この大隊と一緒にSMKとT-100も5両のT-28に随伴されて、フィンランド軍の陣地帯の奥に進出した。この戦闘の詳細は、第185工場の管理本部から北西方面軍参謀部宛に1940年２月に発送された文書の中で知ることができた。この文書を以下に、文字の綴りも当時のままで全文紹介しよう：

「北西方面軍機甲軍課長ボゴモロフ同志殿
　T-100乗員の第185工場労働者と将兵の叙勲推薦について
　戦闘行動開始にあたり、T-100戦車は赤軍司令部により実働軍に求められた。前線の戦闘作戦におけるT-100の操縦のために赤軍の隊列に入ることを自ら志願したる者は：
　操縦手　同志プリューヒン・アファナーシー・ドミートリエヴィチ
　予備操縦手　同志ドロッジン・ヴァシーリー・アガーポヴィチ
　機関手　同志カプラノフ・ウラジーミル・イヴァーノヴィチ。
　上記の同志たちは車長の中尉アスターホフ・ミハイル・ペトローヴィチ、砲手の同志アルタモーノフと同志コズロフ、通信手の同志スミルノフとともに100の乗員に編入され、第20戦車旅団第90戦車大隊に引き渡された。
　乗員は前線にいた間に一度ならず戦闘に参加。1939年12月19日のスンマの森林地区での戦闘作戦への100の参加はとりわけ注目に値する。
　この作戦でSMK戦車は、白衛フィンランド軍により爆破されて機能不全となった。白衛フィンランド軍の銃砲火の下（100に７発の37mmおよび47mm砲弾が命中、多数の銃弾痕あり）、操縦手の同志プリューヒンは自分の戦車で、撃破されたSMK戦車をかばい、T-100を牽引によって戦闘から外そうと長時間試みたが、T-100の履帯が空回りして成功しなかった（地面も凍結していた）。――しかしこれによって、爆破されたSMKの乗員が戦車の装備と武装を使用不能にすることを可能にした。
　T-100の乗員は砲と機銃で嵐のような射撃を展開し、そうすることでSMKの乗員８名が避難ハッチ（T-100とSMKの車底にあり）を通じてSMKから100に乗り移ることを可能ならしめた。このとき、操縦手の同志プリューヒンは敵の行動に対する監視を中断せず、戦車への接近を図る白衛フィンランド兵に対してリボルバー拳銃で射

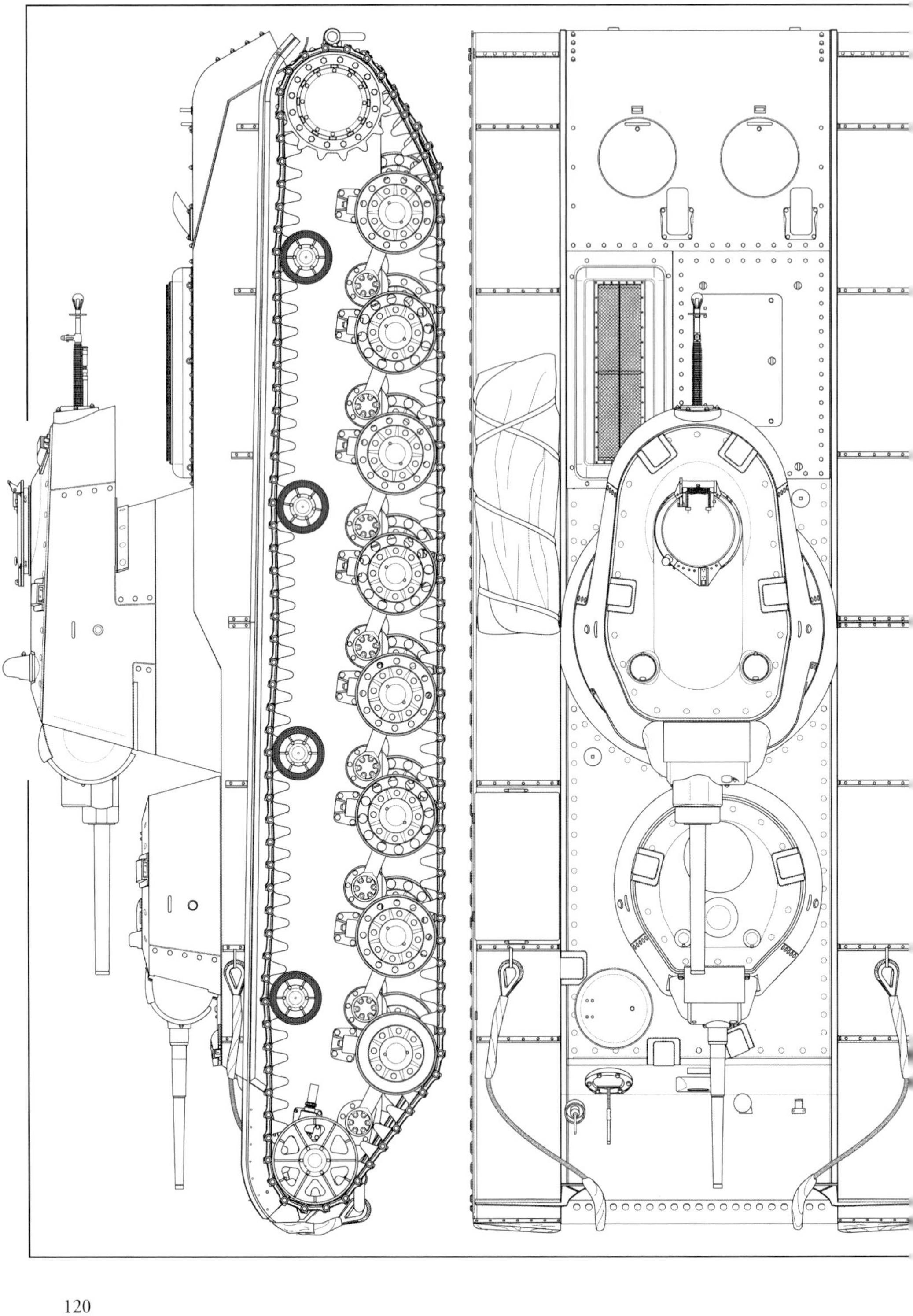

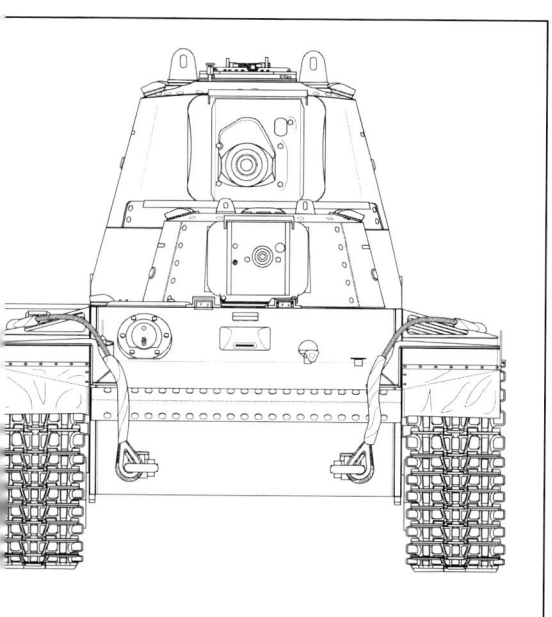

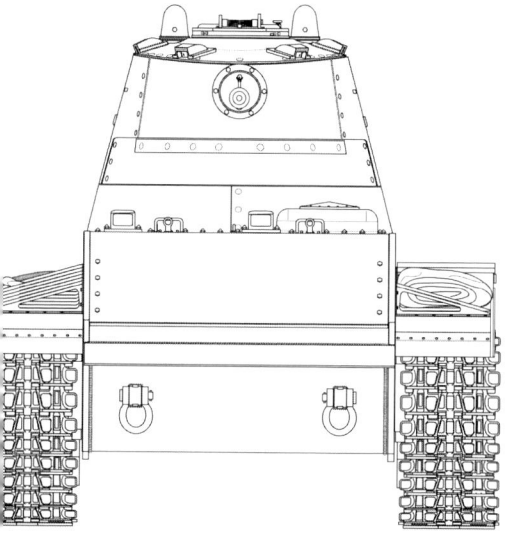

MK戦車／1:35縮尺図

（1939年12月の冬戦争カレリア地峡戦に参加した車両）

撃した。

　この作戦ではSMK戦車乗員中、同志モギリチェンコ下級指揮官が重傷を負った。彼を車底の避難ハッチを通じて100に収容する試みが失敗すると（ハッチは機銃弾の薬莢が詰まって開かなくなっていた）、同志ドロッジンと同志コズロフはT-100の小砲塔から外に出て、負傷者を確保し、100に引っ張っていった。

　この作戦でアスターホフ中尉指揮下の乗員は5時間にわたって敵と不断の戦いを続けた。この日の戦闘で100はエンジンが止まった。機関手の同志プリューヒンは迅速に欠陥の原因（マグネトー発電機の調整カップリングのねじ山の切断）を取り除き、（2基から）1基のマグネトー発電機のみでの作動に首尾良く移行させ、エンジンを稼働させ、戦車が任務を続行することを可能にした。

　プリューヒン　A・D・　1910年生まれ　全ソ連邦共産党党員；

　カプラノフ　V・I　1911年生まれ　全ソ連邦共産党党員候補；

　ドロッジン　V・A　1907年生まれ　全ソ連邦共産党党員候補。

　上記報告に際して、工場労働者のプリューヒン　A・D、カプラノフ　V・I、ドロッジン　V・A並びに軍人のアスターホフ中尉、砲手アルタモーノフ、スミルノフ、通信手コズロフを叙勲に推薦する。

　第185工場長　バルイコフ／署名

　全ソ連邦共産党中央委員会第185工場党オルグ　フォミン／署名

　駐第185工場機甲局代表　ツィプコ二等軍事技師／署名

　1940年2月10日」。

　1939年12月20日、労農赤軍機甲局長D・パヴロフの直接指示で、撃破されたSMK戦車を回収する試みがなされたが、成功しな

かった。12月20日1900時、方面軍参謀部に第1戦車旅団本部から次の内容の報告が入った：「同志パヴロフ軍団指揮官の直接命令に基づき、秘密戦車の救助のため第20戦車旅団長の指揮下に第167自動車化狙撃兵大隊の1個中隊と、対戦車砲2門と機関銃1挺で強化された第37工兵中隊を抽出。このグループは、支援用のT-28戦車7両を保有するニクレンコ大尉の指揮下にある。全隊は最前線の対戦車阻止柵を100～150mほど越えた所まで進出し、そこで火砲や迫撃砲、機関銃の射撃に遭遇した。その結果、第167自動車化狙

109～118：1939年12月、前線へと向かうSMK戦車（写真109～114）とT-100 戦車（写真115～118）のニュース映画映像の一部。両方の戦車の右側面にはズック、ロープ、工具箱などの補助工具類が見える。（ASKM）

撃兵大隊の１個中隊は36名の負傷者と２名の死者を出し、第37工兵中隊は７名が負傷し、２名が行方不明となった。任務は失敗に終わった」。

SMK戦車は1940年の２月末までフィンランド側陣地帯にあった。損傷した車両を検分することができたのは、マンネルヘイム線の主防衛地帯を突破した後であった。

ここで、『ホッティネン～トゥルタ要塞地帯の戦場にあったT-28戦車の検分調書』が興味深いので、抜粋して紹介しよう。この文書はキーロフ工場に常駐していた機甲局上級代表のA・シピターノフ二等軍事技師が1940年２月26日に作成したもので、コメントは必要としない内容である。「SMKの車両は永久トーチカ線の奥にある。フィンランド軍により操縦室が爆破され、車底には下向きに貫通弾痕があり、付属品や設備はすべて破壊されている。機関室とトランスミッションは、ハッチの上から分厚い雪に覆われて検分することができなかった。雪の中からは関係のない物が覗き見えるため、工兵の専門家たちの手で清掃する必要がある。乗員が取り外した主動軸は車体の翼部にある。車体は基本的に、車底の前部の装甲板が多

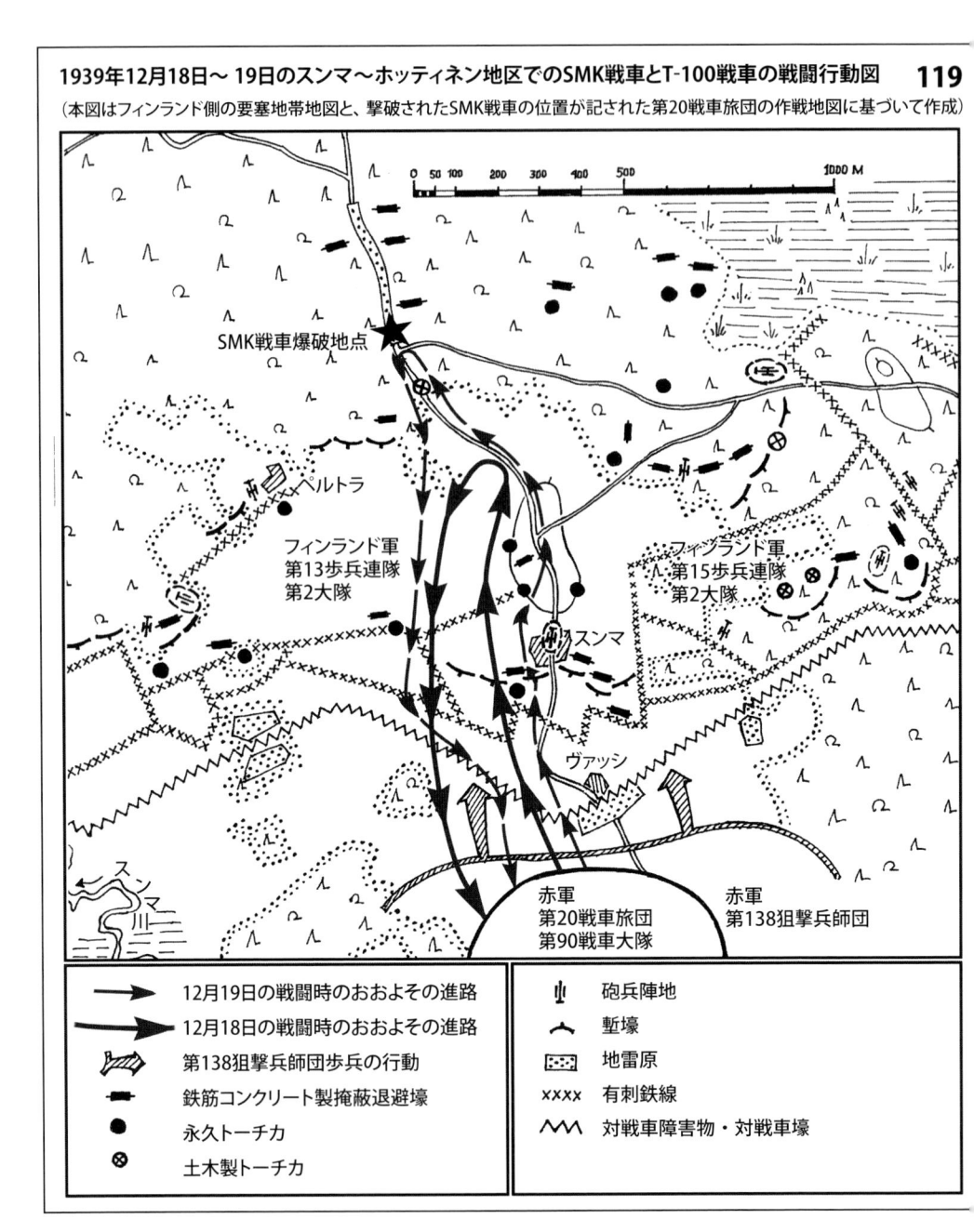

1939年12月18日～19日のスンマ～ホッティネン地区でのSMK戦車とT-100戦車の戦闘行動図
（本図はフィンランド側の要塞地帯地図と、撃破されたSMK戦車の位置が記された第20戦車旅団の作戦地図に基づいて作成）

→	12月19日の戦闘時のおおよその進路
➡	12月18日の戦闘時のおおよその進路
	第138狙撃兵師団歩兵の行動
─	鉄筋コンクリート製掩蔽退避壕
●	永久トーチカ
⊗	土木製トーチカ
⛰	砲兵陣地
⊥	塹壕
▦	地雷原
×××	有刺鉄線
∧∧∧	対戦車障害物・対戦車壕

少破壊されている以外は、可動状態にある。走行装置はまったく正常なままである。車両は工場で短期間に復旧させることが可能だ……」。

　ハッチの天蓋の件は、まったく単純な話だった。SMKの操縦手、V・

イグナチエフの回想によると、車両の操縦手ハッチの天蓋は実際に当初から（装甲鋼ではない）普通の炭素鋼でできたものだった。しかし、前線に出発する直前にちゃんとした装甲天蓋ができあがり、それをイグナチエフは自分の手で戦車に取り付けたのである。

　それにフィンランドの偵察員たちにしても、命の危険を冒してまで戦車に忍び込んで、そこで何かをする必要はなかったのである。戦車はフィンランド軍陣地の奥、最前線から1km半ほどの道路上にあった。必要があれば、フィンランド軍はSMKを自分たちの所へ牽引し去ることもできた。というのも、彼らは2両のT-28を修理して後方に送り出し、それらの予備部品として（SMKが撃破された戦闘で同じく撃破された）多くの戦車から、光学装置や無線機、車内設備の部品だけでなく、M-17エンジンやラジエーター、ギアボックス、サイドクラッチ、換気装置、走行装置の部品をも取り外し、持ち去っていたからである。フィンランド軍司令部が戦利品として第一に関心を持っていたのが、何やらよく分からない単独の車両よりも、修復して使用することが可能な量産型のT-28であったことは疑いない。

　SMKの回収にようやく成功したのは、1940年の3月初頭であった。T-28戦車6両を使ってこれをペルク・ヤルヴィ駅まで牽引した。しかし、引き揚げるクレーンがなかったため、車両は分解して鉄道貨車に載せて工場に送ることになった。

　T-100戦車はエンジンを修理した後、1940年2月18日に再び実働軍に送り出された（E・ロシチンがその乗員になったのは、まさにこの時だった可能性がある）。本車は第20戦車旅団（2月22日～3月1日）と第1戦車旅団（3月11日～同13日）の中でKV戦車とともに行動した。この間本車は155kmを走行し、14発の対戦車砲弾を受け（左側面に6発、45mm砲防楯に1発、大砲塔背面に3発、左履帯に3発、左誘導輪に1発）。いずれも装甲は貫通していない。戦後、T-100は工場に到着し、そこでエンジンが取り換えられ、小規模な修理が行われた。4月1日までの時点で、T-100は累積1,745kmを走破し、そのうち315kmはカレリア地峡の戦闘の際に走った距離である。

　T-100のベースは、フィンランドでの戦闘経験に基づいて開発された数種類の戦闘車両に応用された。ソ・フィン戦争の当初から赤軍は特殊工兵装甲車両の必要性を痛感していた。そこで1939年12月の中旬に北西方面軍の軍事ソヴィエトは第185工場に対して、T-100をベースにした耐砲弾性装甲の工兵戦車の設計と製造を課した。この車両は、橋梁の架設や工兵並びに爆薬の輸送、損傷した戦

120

121

120：フィンランド軍陣地奥深くの戦場におけるSMK戦車。隣には撃破されたT-28戦車とフィンランド兵の姿が見える。1940年1月。（ASKM）

車の回収を任務とするものであった。ところが、その設計段階において工場の設計事務所は労農赤軍機甲局長のD・パヴロフから、対永久トーチカ戦用として「T-100のベースに152mm砲または砲弾初速の速い別の適当な砲を搭載する」任務を受領した。第185工場長のN・バルイコフはこれを受けて、北西方面軍軍事ソヴィエトに対して「工兵戦車製造の決定の撤回と、100戦車に130mm海軍砲を搭載する決定」を要請した。

この要請は受け入れられ、1940年1月8日にはすでにT-100-Xとのコードが与えられた戦車の車体の図面が、イジョーラ工場に引き渡された。

T-100-XがT-100と異なる点は、通常の砲塔ではなく、130mm海軍砲B-13を備えた楔型の砲塔を搭載していたことである。また、懸架装置はトーションバー式で、その製造はこの分野での経験を有するキーロフ工場に任された。装甲部品を製造する過程では、車両の組み立て作業を迅速化するために砲塔の形状もより簡易なものへと変更された。こうして生まれた新しい自走砲はT-100-Yの制式名が付けられた。T-100-Yの装甲車体は2月24日にイジョーラ工場から届き、3月1日には組み立て作業が始まった。そして3月14日には、出来上がった自走砲は最初の走りを見せた。しかし、この時には戦争はすでに終わっており、T-100-Yを実戦の場でテストすることはできなかった。

ソ・フィン戦争の最中に、T-100の兵装を近代化する試みもあった。1940年の1月に国防副人民委員のG・クリーク一等軍司令官は、「対戦車阻止柵対策のためにT-100に152mm曲射砲M-10を搭載して兵装を強化する」指示を出した。

1940年の3月中旬までに152mm曲射砲M-10を備えた新しい砲塔が出来上がった。これは、今までT-100に載っていた76mm砲L-11のかわりに搭載することになっていた。ところが、新型砲塔はついに戦車に載ることはなかった：労農赤軍機甲局はKV-1とKV-2を武装に採用したことに伴い、その後のT-100の改良に関する作業をすべて中止したからである。

ここに、P・ヴォロシーロフを長とする委員会が作成した、SMKとT-100の試験場テストに関する報告書の一部を、興味深いので抜粋しよう。しかもこれらの報告書の日付は1940年2月22日となっており、このときすでにSMKは戦場にあり、T-100も再び戦場に向かった頃であった。

SMKに関する結論の部分では、エンジンの冷却システムと空気フィルタの作動に不満があると指摘され、ギアボックスの信頼性

121：前線で戦闘行動中のT-100戦車。1940年2月。砲塔にいるのはK・E・ヴォロシーロフの養子で、キーロフ工場労農赤軍機甲局代表部に勤務していたP・K・ヴォロシーロフである。（CMAF）

127

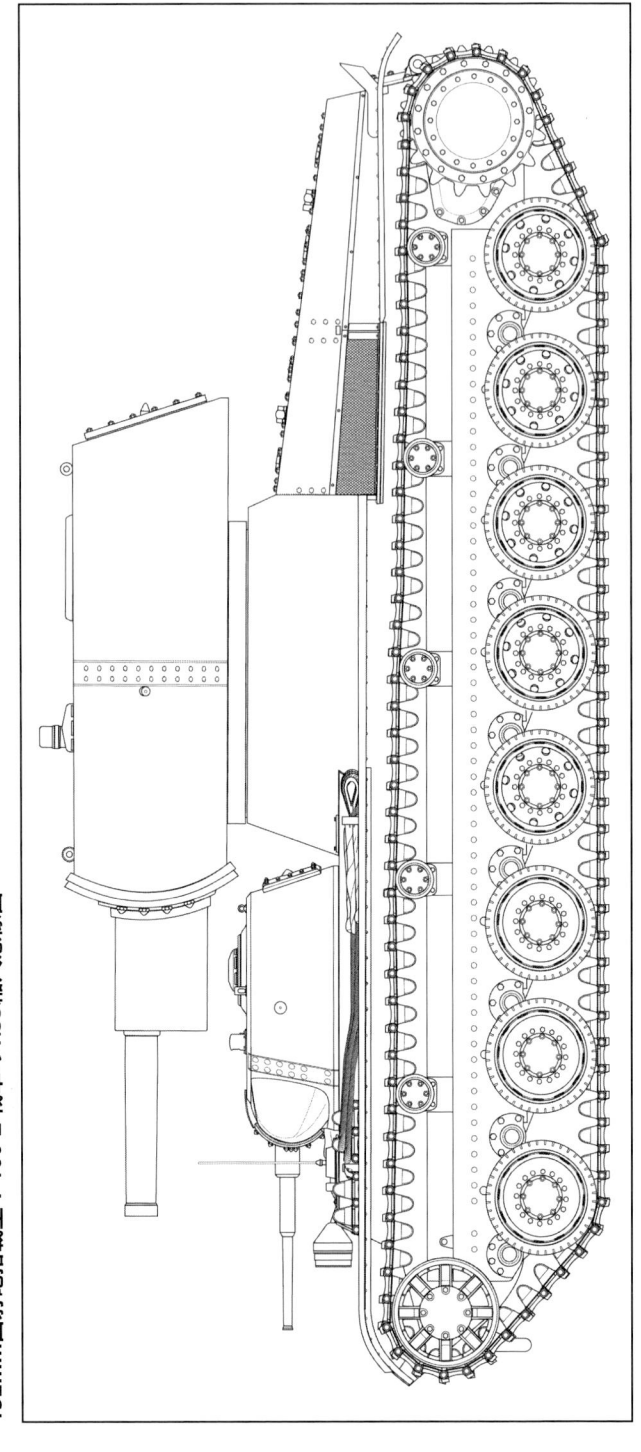

152mm曲射砲搭載型 T-100-Z 戦車の1:35縮尺想像図

122：試験場でのテストに臨む、1つの砲塔に2門の砲を搭載したKV重戦車の最初のモデル。1939年9月。（ASKM）

123：クビンカにおけるT-100戦車。1940年秋。(ASKM)

124：クビンカにおけるT-100-U自走砲。1940年。(ASKM)

も問題視されている。そしてこう総括されている：「戦車は要求された性能諸元に適合している。赤軍の武装に採用すべく推薦するには不適当である。なぜならば、より強力な装甲とより優れた性能を有するKV戦車が工場で製造され、武装に採用済みだからだ」。

T-100に関する報告書には次の指摘がなされている：「冷却システムの仕上がりが不十分であり、森林の中を走行する際に木の葉がネットに詰まり、換気装置の作動信頼性も低い。ギアボックスの操作メカニズムをもっと仕上げる必要があり、サイドクラッチの構造はより強化する方向で見直す必要がある」。長所としては空圧式の戦車操縦システムが挙げられている。その上でこう締めくくられている：「T-100は要求された性能諸元に適合している。赤軍の武装に採用すべく推薦するにはふさわしくない。なぜならば、KV戦車が製造され、採用済みだからだ」。

ところが、第185工場のバルイコフ工場長とギトコフ主席技師は次のような特別の意見を表明した：

「KVの武装採用の決定があるからとの理由で、T-100の採用推薦は不適当とする委員会の結論は正しくない。なぜならば、双砲塔式のT-100は、KVとは別クラスの車両であるからだ。KVの性能諸元の方が優れているとする結論も、本質的には実情に異なる：兵装に関してはT-100には45mm砲と76mm砲、または45mm砲と152mm砲であり、対するKVは76mm砲か152mm砲を搭載できる。また踏破性能と威力の余地からしても（T-100のほうがKVよりも兵装強化が可能である）〔原文のままでは文意が伝わらないので、（ ）内に著者の言葉で補足〕。

それゆえ、KVを有していても、T-100を武装に採用する推薦は絶対的に必要であると、工場は考えている。そのうえ、T-100はその大きさからして130mm海軍砲を搭載することも可能であるが、KVにはそれができない」。

しかし、この特別意見に関しては何の決定もなされなかった。それでも尚、第185工場の設計事務所は1940年4月に、T-100をベースにした沿岸警備重戦車─「103号車」（主任設計技師　シュフリン）を開発した。それは、回転砲塔に130mm砲B-13を搭載し、DT機銃3挺を装備した戦車であった。だが、計画は紙上のままで終わった。

最後のソ連多砲塔戦車のその後の運命はさまざまであった。SMKはキーロフ工場に届けられた。労農赤軍機甲局の指示により、1940年の間中に工場はこの戦車を修理し、「クビンカ演習場に保管すべく引き渡す」ことになった。しかし、理由は不明ながら、大祖国戦争の勃発まで修理は行われずじまいで、戦後になって溶融加工

T-100-X自走砲のデザイ

T-100-U自走砲

**沿岸防衛戦車
「103号車」のデザイン**

133

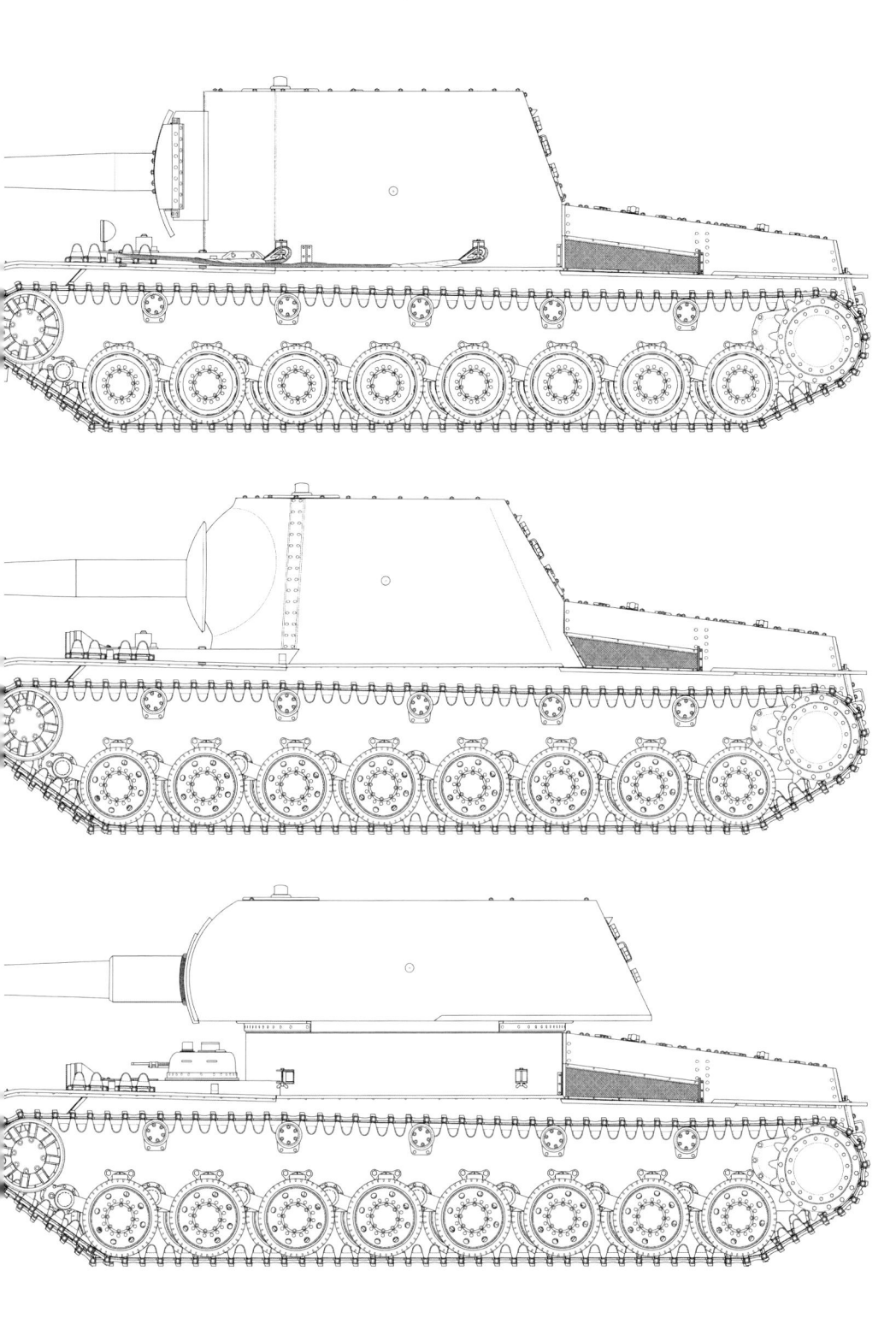

されることになった。

　T-100は1940年の夏にクビンカに保管のため引き渡され、大祖国戦争が始まるとカザンに避難させられ、さらにチェリャビンスクに移された。その地でこの車両は第100試験工場に引き渡され、戦争終結までそこにいることになった。本車のその後の運命は確認できないが、いくつかの資料に因れば、1950年代の半ばまでチェリャビンスク戦車学校の敷地内にあったともされる。

　自走砲T-100-Yもまた1940年にクビンカに引き渡された。独ソ開戦となっても自走砲はどこにも避難させられなかった。1941年11月、T-100-Yは152mm試作自走砲のSU-14、SU-14-1と一緒に特務自走砲大隊に編入された。しかしながら、T-100-Y自走砲の戦闘運用に関するデータを見つけることはできなかった。

　T-100-Yは現存しており、モスクワ郊外のクビンカにある機甲兵器技術軍事博物館に保管されている。

参考文献および資料出所

1. ロシア国立軍事公文書館：
労農赤軍自動車化機械化局（労農赤軍機甲局）、労農赤軍機甲局科学試験場、労農赤軍砲兵総局、ソ連国防人民委員秘書課、ソ・フィン戦争関係資料集、キエフ特別軍管区管理局、ハリコフ軍管区管理局の各フォンド

2. 国防省中央公文書館：
南西方面軍機甲軍司令部管理課、第8機械化軍団本部、第34戦車師団本部の各フォンド

3. ロシア国立経済公文書館：
ソ連重工業人民委員部、ソ連重機械製作工業人民委員部、重工業人民委員部特殊機械製作工業企業全連邦連合、ソ連戦車工業人民委員部第三総局、運輸機械製作工業省第一総局の各フォンド

4. 『T-35戦車の車廠取扱い参考書』：
ソ連国防人民委員部出版局発行（モスクワ、1935年）──156ページ

5. N・S・ポポフ、M・V・アシク、I・V・バッハ他共著『戦闘車両の構造』：
レニズダート発行（レニングラード、1988年）──382ページ

6. N・S・ポポフ、V・I・ペトロフ、A・N・ポポフ、M・V・アシク共著『謎も秘密もない』：
ITZプラナ発行（サンクトペテルブルク、1996年）──352ページ

7. Yu・A・ジューコフ著『40年代の人物』：
ソヴィエト・ロシア発行（モスクワ、1975年）──448ページ

8. D・I・リャブィシェフ著『戦争が始まった年』：
ヴォエニズダート発行（モスクワ、1990年）──176ページ

ソ連軍重戦車の性能諸元

戦車の種類	T-35	SMK	T-100
戦備重量（t）	50(54)	55	58
乗員（名）	10	7	8
主要寸法（mm）			
全長	9,720	8,750	8,495
全幅	3,200	3,400	3,400
全高	3,430(3,740)	3,250	3,430
地上高	530(570)	500	525
装甲厚（mm）			
下部装甲傾斜板	20	75	60
前部装甲傾斜板	50(70)	75	60
上部装甲傾斜板	20	75	60
正面装甲板	20	75	60
車体側面・砲塔基部	20(25)	60	60
サスペンション防御板	10	—	—
車体尾部	20	55	60
車体天井	10	30	20
車底	10～20	20～30	20～30
大砲塔側面	20(25)	60	60
大砲塔天井	15	30	30
中砲塔側面	20	—	—
中砲塔天井	10	—	—
小砲塔側面	20	60	60
小砲塔天井	10	30	20
接地圧（kgf/cm²）	0.78(0.64)	0.662	0.68
最大速度（km/h）			
舗装道路	28.9	34.5	35.7
無舗装道路	14	15	15
航続距離（km）			
舗装道路	100(120)	280	160
無舗装道路	80～90	230	120
超越可能障害物			
傾斜地（角度）	20	37	42
垂直壁（m）	1.2	1.1	1.2
渡渉水深（m）	1(1.7)	1.7	1.25
超壕幅（m）	3.5	4	4
倒圧可能樹木直径（cm）	～80	データ無し	データ無し
兵装			
76mm砲（制式名×門）	KT-28×1	L-11×1	L-10(L-11)×1
45mm砲（制式名×門）	20K×2	20K×1	20K×1
7.62mm DT機銃（挺）	5	4	3
12.7mm DK機銃（挺）	—	1	—
搭載弾薬数			
76mm砲弾（発）	96	113	120
45mm砲弾（発）	220	300	393
DT銃弾（発）	10,000	5733	4,284
DK銃弾（発）	—	250	—
燃料タンク容量（L）	910	1400	1,160
エンジン			
型式	M-17L	GAM-34	GAM-34
種別	キャブレターV型4サイクル	キャブレターV型4サイクル	キャブレターV型4サイクル
気筒数	12	12	12
最大出力（馬力）	500	850	850
回転数（毎分）	1,445	1,850	1,850
通信手段			
車外通信	71-TK-3無線機　71-TK-3無線機	71-TK-3無線機	6人用TPU
車内通信	6人用TPU	6人用TPU	6人用TPU

*括弧内の数字は1939年製戦車のデータ

［著者］
マクシム・コロミーエツ
1968年モスクワ市生まれ。1994年にバウマン記念モスクワ高等技術学校(現バウマン記念国立モスクワ工科大学)を卒業後、ロシア中央軍事博物館に研究員として在籍。1997年からはロシアの人気戦車専門誌『タンコマーステル』の編集員も務め、装甲兵器の発達、実戦記録に関する記事の執筆も担当。2000年には自ら出版社「ストラテーギヤKM」を起こし、第二次大戦時の独ソ装甲兵器を中心テーマとする『フロントヴァヤ・イリュストラーツィヤ』誌を定期刊行中。最近まで内外に閉ざされていたソ連側資料を駆使して、独ソ戦の実像に迫ろうとしている。著書、『バラトン湖の戦い』は小社から邦訳出版され、『アーマーモデリング』誌にも記事を寄稿、その他著書、記事多数。

［翻訳］
小松徳仁（こまつのりひと）
1966年福岡県生まれ。1991年九州大学法学部卒業後、製紙メーカーに勤務。学生時代から興味のあったロシアへの留学を志し、1994年に渡露。2000年にロシア科学アカデミー社会学・政治学研究所付属大学院を中退後、フリーランスのロシア語通訳・翻訳者として現在に至る。訳書には『バラトン湖の戦い』、『モスクワ上空の戦い』および「独ソ戦車戦シリーズ」(いずれも小社刊)などがある。

独ソ戦車戦シリーズ 18

労農赤軍の多砲塔戦車
T-35、SMK、T-100

発行日	2012年10月27日　初版第1刷
著者	マクシム・コロミーエツ
翻訳	小松徳仁
発行者	小川光二
発行所	株式会社 大日本絵画
	〒101-0054　東京都千代田区神田錦町1丁目7番地
	tel. 03-3294-7861（代表）　http://www.kaiga.co.jp
企画・編集	株式会社 アートボックス
	tel. 03-6820-7000　fax. 03-5281-8467
	http://www.modelkasten.com
装丁	梶川義彦
DTP	小野寺徹／岡崎宣彦
印刷・製本	大日本印刷株式会社
ISBN978-4-499-23095-7 C0076	

内容に関するお問い合わせ先：03(6820)7000　㈱アートボックス
販売に関するお問い合わせ先：03(3294)7861　㈱大日本絵画

ФРОНТОВАЯ
ИЛЛЮСТРАЦИЯ
FRONTLINE ILLUSTRATION

« МНОГОБАШЕННЫЕ
ТАНКИ РККА
Т-35, СМК, Т-100 »

by Максим КОЛОМИЕЦ

©Стратегия КМ 2005

Japanese edition published in 2012
Translated by Norihito KOMATSU
Publisher DAINIPPON KAIGA Co.,Ltd.
Kanda Nishikicho 1-7, Chiyoda-ku, Tokyo
101-0054 Japan
©2012 DAINIPPON KAIGA Co.,Ltd.
Norihito KOMATSU
Printed in Japan